수학 상위권 진입을 위한 문장제 해결력 강화

문제 해결의 길잡이

원리

수학 1-1

Mirae N 에듀

	4학년		5학년		6학년	
	1학기	2학기	1학기	2학기	1학기	2학기

- 만, 억, 조
- 약수와 배수 → 수의 범위와 어림하기
- 약분과 통분
- (세 자리 수) × (두 자리 수) → 자연수의 혼합 계산
- (자연수) ÷ (두 자리 수)
- 분모가 같은 분수의 덧셈과 뺄셈 → 분모가 다른 분수의 덧셈과 뺄셈 → 분수의 곱셈 → (분수) ÷ (자연수) → (분수) ÷ (분수)
- 소수의 덧셈과 뺄셈 → 소수의 곱셈 → (소수) ÷ (자연수) → (소수) ÷ (소수)
- 이등변삼각형, 정삼각형
- 사다리꼴, 평행사변형, 마름모
- 다각형
- 평면도형의 이동 → 합동과 대칭
- 직/정육면체 → 각기둥, 각뿔 → 공간과 입체
- 원기둥, 원뿔, 구
- 각도
- 다각형의 둘레와 넓이 → 직/정육면체의 겉넓이와 부피 → 원의 둘레와 넓이
- 규칙 찾기(3) → 규칙과 대응 → 비와 비율 → 비례식과 비례배분
- 막대그래프 → 꺾은선그래프 → 띠/원그래프
- 평균과 가능성

초등 수학 흐름도  문제 해결의 길잡이

영역	1학년 1학기	1학년 2학기	2학년 1학기	2학년 2학기	3학년 1학기	3학년 2학기
수	50까지의 수	100까지의 수	세 자리 수	네 자리 수	분수와 소수	진분수, 가분수, 대분수
연산	한 자리 수의 덧셈과 뺄셈 (1)	한 자리 수의 덧셈과 뺄셈 (2)	두 자리 수의 덧셈과 뺄셈 / 곱셈	곱셈구구	세 자리 수의 덧셈과 뺄셈 / (두 자리 수) × (한 자리 수) / 나눗셈	(두 자리 수) × (두 자리 수) / (자연수) ÷ (한 자리 수)
도형	⬛, ▲, ⬤ 모양	⬜, △, ◯ 모양	삼각형, 사각형, 원		직각삼각형, 직/정사각형	원
측정	비교하기	시각 (시, 분)	길이 (cm)	길이 (m) / 시각과 시간 (시, 분)	길이 (mm, km) / 시각과 시간 (초)	들이 (L, mL) / 무게 (g, kg)
변화와 관계		규칙 찾기 (1)		규칙 찾기 (2)		
자료와 가능성			분류하기	표와 그래프		그림그래프

문제 해결의 길잡이 에서
집중 연습하는 8가지 해결 전략

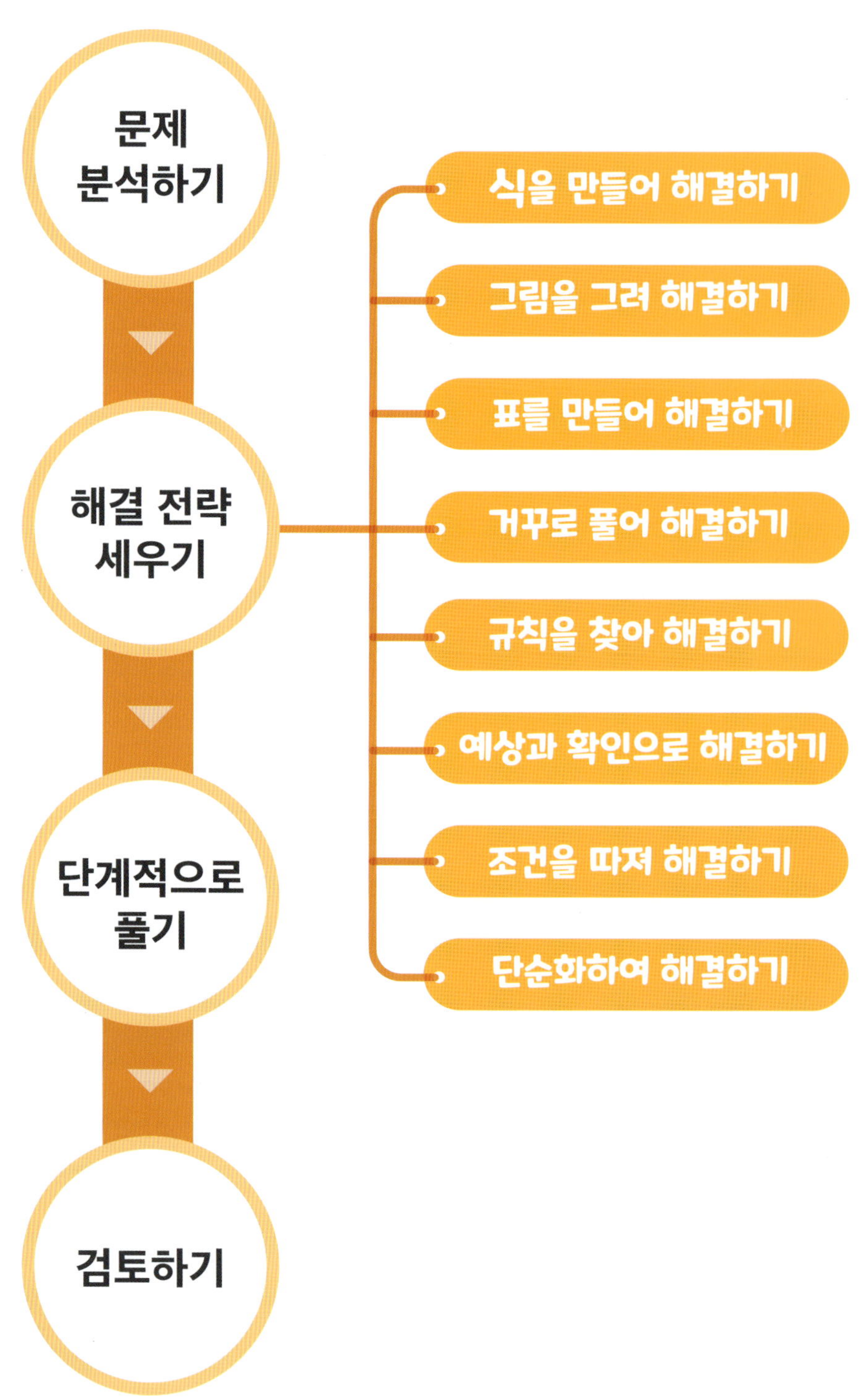

이 책의 **머리말**

'방방이'라고 불리는 트램펄린에서 뛰어 본 적 있나요?
처음에는 중심을 잡고 일어서는 것도 어렵지만
발끝에 힘을 주고 일어나 탄력에 몸을 맡기면
어느 순간 공중으로 높이 뛰어오를 수 있어요.

수학 공부도 마찬가지랍니다.
넘사벽이라고 느껴지던 어려운 문제도
해결 전략에 따라 집중해서 훈련하다 보면
어느 순간 스스로 전략을 세워 풀 수 있어요.

처음에는 서툴지만 누구나 트램펄린을 즐기는 것처럼
문제 해결의 길잡이로 해결 전략을 익힌다면
어려운 문제도 스스로 해결할 수 있어요.

자, 우리 함께 시작해 볼까요?

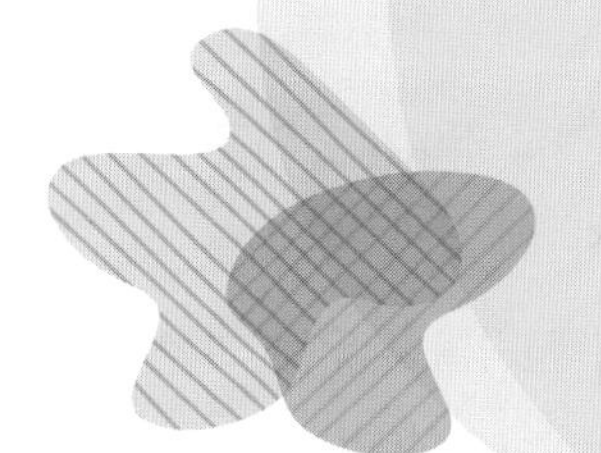

이 책의 **구성**

문 문제를 보기만 해도 어떻게 풀어야 할지 머릿속이 캄캄해진다구요?

해 해결 전략에 따라 길잡이 학습을 익히면 자신감이 생길 거예요!

길 길잡이 학습을 어떻게 하냐구요? 지금 바로 문해길을 펼쳐 보세요!

문해길 학습 **1** 시작하기

문해길 학습 **2** 해결 전략 익히기

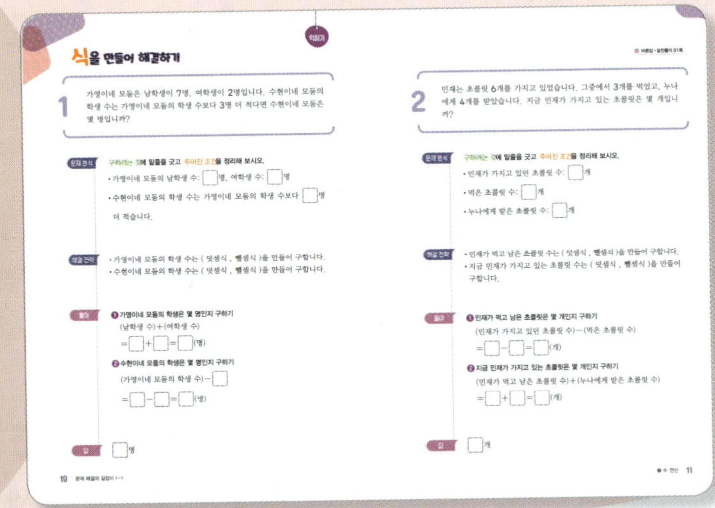

학습 계획 세우기

영역 학습을 시작하며 자신의 실력에 맞게 하루에 해야 할 목표를 세웁니다.

시작하기

문해길 학습에 본격적으로 들어가기 전에 기본 학습 실력을 점검합니다.

해결 전략 익히기

문제 분석하기 구하려는 것과 주어진 조건을 찾아내는 훈련을 통해 문장제 독해력을 키웁니다.

해결 전략 세우기 문제 해결 전략을 세우는 과정을 연습하며 수학적 사고력을 기릅니다.

단계적으로 풀기 단계별로 서술함으로써 풀이 과정을 익힙니다.

문해길 학습 3 해결 전략 적용하기

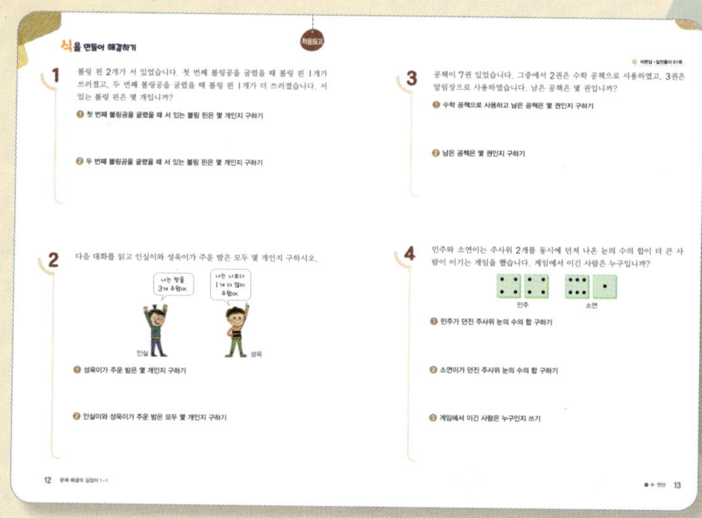

문해길 학습 4 마무리하기

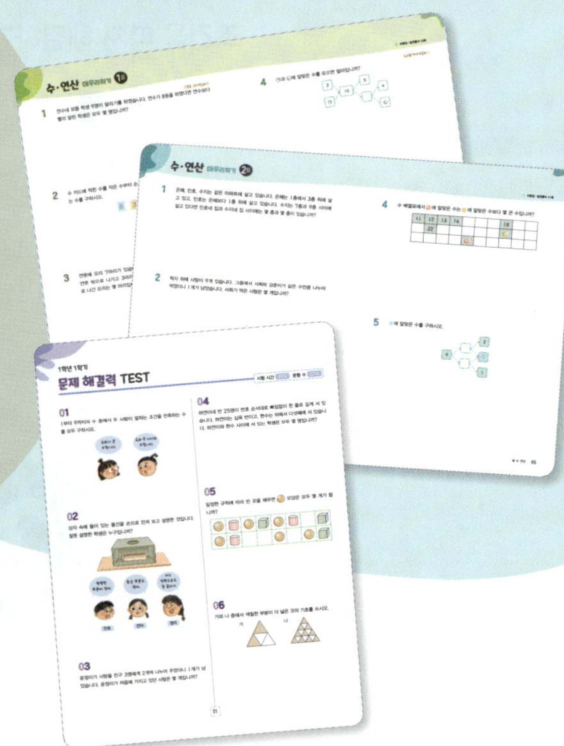

해결 전략 적용하기

문제 분석하기 → 해결 전략 세우기 → 단계적으로 풀기

문제를 읽고 스스로 분석하여 해결 전략을 세워 봅니다. 그리고
단계별 풀이 과정에 따라 정확하게 문제를 해결하는 훈련을
합니다.

마무리하기

마무리하기에서는 스스로 해결 전략과 풀이 단계를
세워 문제를 해결합니다. 이를 통해 향상된 실력을
확인합니다.

문제 해결력 TEST

문해길 학습의 최종 점검 단계입니다. 틀린 문제는
쌍둥이 문제를 다운받아 확실하게 익힙니다.

이 책의 차례

3장 변화와 관계 · 자료와 가능성

[부록 시험지] 문제 해결력 TEST

수 · 연산

	익히기	적용하기	
식을 만들어 해결하기	□ 10~11쪽 월 일	□ 12~13쪽 월 일	□ 14~15쪽 월 일
그림을 그려 해결하기	□ 16~17쪽 월 일	□ 18~19쪽 월 일	□ 20~21쪽 월 일
거꾸로 풀어 해결하기	□ 22~23쪽 월 일	□ 24~25쪽 월 일	□ 26~27쪽 월 일
규칙을 찾아 해결하기	□ 28~29쪽 월 일	□ 30~31쪽 월 일	□ 32~33쪽 월 일
조건을 따져 해결하기	□ 34~35쪽 월 일	□ 36~37쪽 월 일	□ 38~39쪽 월 일

마무리 1회	마무리 2회
□ 40~43쪽 월 일	□ 44~47쪽 월 일

1 나타내는 수가 나머지 셋과 다른 것에 ○표 하시오.

> 4보다 Ⅰ 큰 수　　　　　오
>
> 여섯　　　　　　　　6보다 Ⅰ 작은 수

2 왼쪽에서 여섯째에 있는 수보다 Ⅰ 큰 수를 구하시오.

| 2 | 7 | 5 | 1 | 9 | 4 | 6 | 3 | 8 |

(　　　　　　　　　　)

3 2보다 크고 8보다 작은 수는 모두 몇 개입니까?

> 3　6　9　0　4　1

(　　　　　　　　　　)

4 혜경이는 6살이고 오빠는 혜경이보다 2살 더 많습니다. 오빠는 몇 살입니까?

(　　　　　　　　　　)

5 탁자 위에 마카롱이 9개, 쿠키가 5개 있습니다. 마카롱은 쿠키보다 몇 개 더 많습니까?

(   )

6 ☐ 안에 알맞은 수를 구하시오.

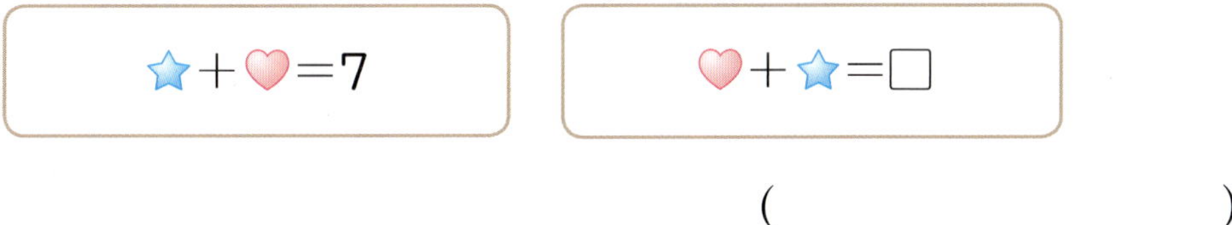

(   )

7 수를 세어 쓰고 두 가지 방법으로 읽어 보시오.

쓰기 (   )

읽기 (   )

8 구슬을 더 많이 가지고 있는 친구는 누구입니까?

(   )

식을 만들어 해결하기

1 가영이네 모둠은 남학생이 7명, 여학생이 2명입니다. 수현이네 모둠의 학생 수는 가영이네 모둠의 학생 수보다 3명 더 적다면 수현이네 모둠은 몇 명입니까?

문제 분석 — 구하려는 것에 밑줄을 긋고 주어진 조건을 정리해 보시오.

- 가영이네 모둠의 남학생 수: ☐ 명, 여학생 수: ☐ 명

- 수현이네 모둠의 학생 수는 가영이네 모둠의 학생 수보다 ☐ 명 더 적습니다.

해결 전략

- 가영이네 모둠의 학생 수는 (덧셈식 , 뺄셈식)을 만들어 구합니다.
- 수현이네 모둠의 학생 수는 (덧셈식 , 뺄셈식)을 만들어 구합니다.

풀이

❶ 가영이네 모둠의 학생은 몇 명인지 구하기

(남학생 수)＋(여학생 수)

＝ ☐ ＋ ☐ ＝ ☐ (명)

❷ 수현이네 모둠의 학생은 몇 명인지 구하기

(가영이네 모둠의 학생 수)－ ☐

＝ ☐ － ☐ ＝ ☐ (명)

답 ☐ 명

2 민재는 초콜릿 **6**개를 가지고 있었습니다. 그중에서 **3**개를 먹었고, 누나에게 **4**개를 받았습니다. 지금 민재가 가지고 있는 초콜릿은 몇 개입니까?

문제 분석

구하려는 것에 밑줄을 긋고 **주어진 조건**을 정리해 보시오.

- 민재가 가지고 있던 초콜릿 수: ☐개
- 먹은 초콜릿 수: ☐개
- 누나에게 받은 초콜릿 수: ☐개

해결 전략

- 민재가 먹고 남은 초콜릿 수는 (덧셈식 , 뺄셈식)을 만들어 구합니다.
- 지금 민재가 가지고 있는 초콜릿 수는 (덧셈식 , 뺄셈식)을 만들어 구합니다.

풀이

❶ 민재가 먹고 남은 초콜릿은 몇 개인지 구하기

(민재가 가지고 있던 초콜릿 수) − (먹은 초콜릿 수)

= ☐ − ☐ = ☐ (개)

❷ 지금 민재가 가지고 있는 초콜릿은 몇 개인지 구하기

(민재가 먹고 남은 초콜릿 수) + (누나에게 받은 초콜릿 수)

= ☐ + ☐ = ☐ (개)

답

☐개

식을 만들어 해결하기

1 볼링 핀 2개가 서 있었습니다. 첫 번째 볼링공을 굴렸을 때 볼링 핀 1개가 쓰러졌고, 두 번째 볼링공을 굴렸을 때 볼링 핀 1개가 더 쓰러졌습니다. 서 있는 볼링 핀은 몇 개입니까?

❶ 첫 번째 볼링공을 굴렸을 때 서 있는 볼링 핀은 몇 개인지 구하기

❷ 두 번째 볼링공을 굴렸을 때 서 있는 볼링 핀은 몇 개인지 구하기

2 다음 대화를 읽고 인실이와 성욱이가 주운 밤은 모두 몇 개인지 구하시오.

❶ 성욱이가 주운 밤은 몇 개인지 구하기

❷ 인실이와 성욱이가 주운 밤은 모두 몇 개인지 구하기

3 공책이 7권 있었습니다. 그중에서 2권은 수학 공책으로 사용하였고, 3권은 알림장으로 사용하였습니다. 남은 공책은 몇 권입니까?

❶ 수학 공책으로 사용하고 남은 공책은 몇 권인지 구하기

❷ 남은 공책은 몇 권인지 구하기

4 민주와 소연이는 주사위 2개를 동시에 던져 나온 눈의 수의 합이 더 큰 사람이 이기는 게임을 했습니다. 게임에서 이긴 사람은 누구입니까?

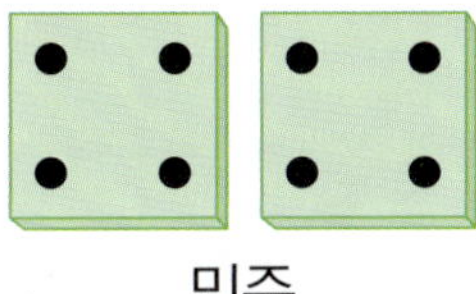

민주　　　　　　소연

❶ 민주가 던진 주사위 눈의 수의 합 구하기

❷ 소연이가 던진 주사위 눈의 수의 합 구하기

❸ 게임에서 이긴 사람은 누구인지 쓰기

5 지민이와 희연이의 양손에 구슬이 있습니다. 지민이의 양손에 있는 구슬의 수와 희연이의 양손에 있는 구슬의 수가 같습니다. 희연이의 왼손에 있는 구슬은 몇 개입니까?

❶ 지민이의 양손에 있는 구슬은 몇 개인지 구하기

❷ 희연이의 왼손에 있는 구슬은 몇 개인지 구하기

6 우정이네 과일 가게에서 팔고 남은 과일은 사과 **5**개, 배 **3**개입니다. 희라네 과일 가게에서 팔고 남은 과일은 사과 **3**개, 배 **2**개입니다. 두 과일 가게에 남은 과일 수의 차는 몇 개입니까?

❶ 우정이네 과일 가게에 남은 과일은 모두 몇 개인지 구하기

❷ 희라네 과일 가게에 남은 과일은 모두 몇 개인지 구하기

❸ 두 과일 가게에 남은 과일 수의 차는 몇 개인지 구하기

바른답 • 알찬풀이 02쪽

7 주원이가 아쟁, 바이올린, 기타의 현의 수를 세어 보니 아쟁이 8줄, 바이올린이 4줄, 기타가 6줄이었습니다. 현이 가장 많은 악기는 가장 적은 악기보다 몇 줄 더 많습니까?

아쟁

바이올린

기타

8 색종이를 성재는 7장 가지고 있고, 정연이는 2장 가지고 있습니다. 성재가 정연이에게 색종이를 3장 주었다면 누가 색종이를 몇 장 더 많이 가지고 있습니까?

9 세 주머니에 들어 있는 수 카드에 적힌 두 수의 합이 각각 모두 같을 때 ㉠과 ㉡에 알맞은 수의 차를 구하시오.

그림을 그려 해결하기

1 찬영이네 모둠은 5명입니다. 이 모둠 학생들이 키가 작은 순서대로 한 줄로 섰더니 찬영이가 앞에서 넷째가 되었습니다. 키가 큰 순서대로 다시 줄을 서면 찬영이는 앞에서 몇째에 서 있게 됩니까?

문제 분석

구하려는 것에 밑줄을 긋고 **주어진 조건**을 정리해 보시오.

- 찬영이네 모둠 학생 수: ☐ 명

- 키가 작은 순서대로 줄을 섰을 때 찬영이의 순서: 앞에서 ☐

해결 전략

학생 5명이 한 줄로 서 있는 모습을 그림으로 나타낸 다음 찬영이의 위치를 찾아봅니다.

풀이

1 학생 5명이 키가 작은 순서대로 줄 서기

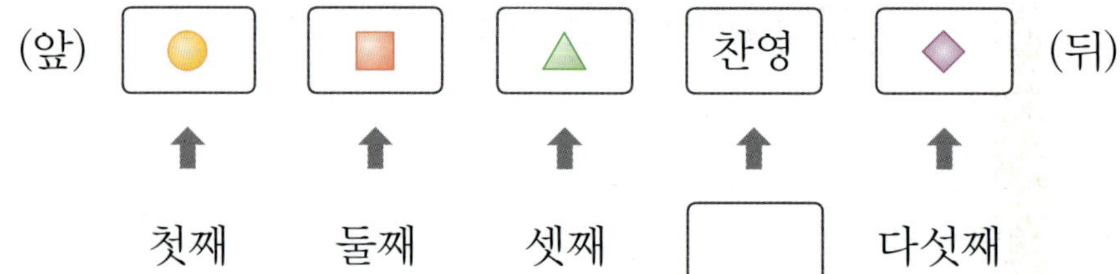

2 학생 5명이 키가 큰 순서대로 다시 줄 서기

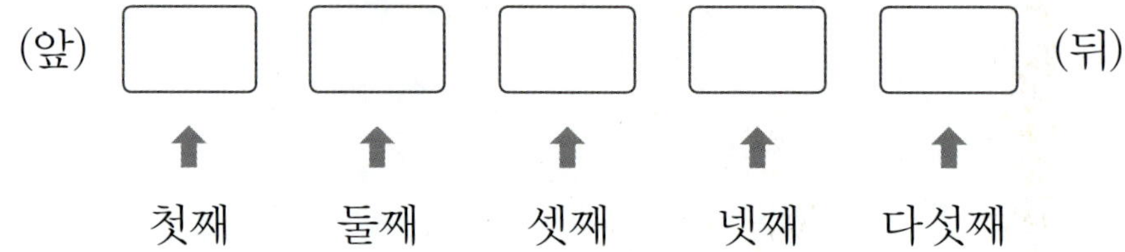

답 ☐

바른답·알찬풀이 03쪽

2 은혜는 사탕을 **9**개 가지고 있었습니다. 그중에서 동생에게 몇 개를 주었더니 **5**개가 남았습니다. 은혜가 동생에게 준 사탕은 몇 개입니까?

문제 분석

구하려는 것에 밑줄을 긋고 주어진 조건을 정리해 보시오.

• 은혜가 가지고 있던 사탕 수: ☐ 개

• 은혜에게 남은 사탕 수: ☐ 개

해결 전략

은혜가 처음에 가지고 있던 사탕 수만큼 ○를 그린 다음 줄어든 사탕 수만큼 ╱으로 지우면 ☐ 개가 남아야 합니다.

풀이

❶ 은혜가 처음에 가지고 있던 사탕 수만큼 ○를 그리기

○ ○ ○

❷ ❶의 그림에 ○가 5개 남도록 ○를 ╱으로 지우기

╱으로 지운 ○를 세어 보면 ☐ 개입니다.

❸ 은혜가 동생에게 준 사탕은 몇 개인지 구하기

은혜가 동생에게 준 사탕은 ☐ 개입니다.

답 ☐ 개

그림을 그려 해결하기

1 귤을 한 봉지에 10개씩 넣으려고 합니다. 귤 30개를 모두 봉지에 넣으려면 봉지는 몇 개 필요합니까?

❶ 귤의 수만큼 ◯를 그렸을 때 10개씩 묶기

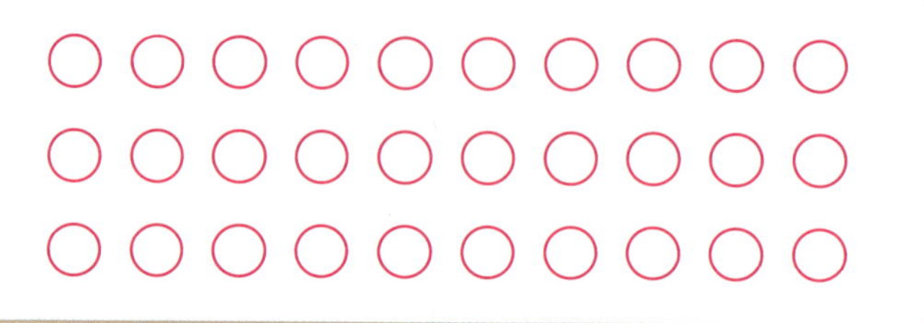

❷ 귤 30개를 모두 봉지에 넣으려면 봉지는 몇 개 필요한지 구하기

2 전깃줄에 참새가 3마리 앉아 있었습니다. 잠시 후에 몇 마리가 더 날아와서 모두 8마리가 되었습니다. 더 날아온 참새는 몇 마리입니까?

❶ 전깃줄에 처음 앉아 있던 참새 수만큼 ◯를 그렸을 때 ◯가 8개 되도록 더 그리기

❷ 더 날아온 참새는 몇 마리인지 구하기

바른답 • 알찬풀이 03쪽

3 서점은 4층에 있습니다. 미용실은 서점보다 2층 아래에 있고, 영화관은 미용실보다 3층 위에 있습니다. 미용실과 영화관은 각각 몇 층에 있습니까?

❶ 미용실과 영화관의 위치 찾기

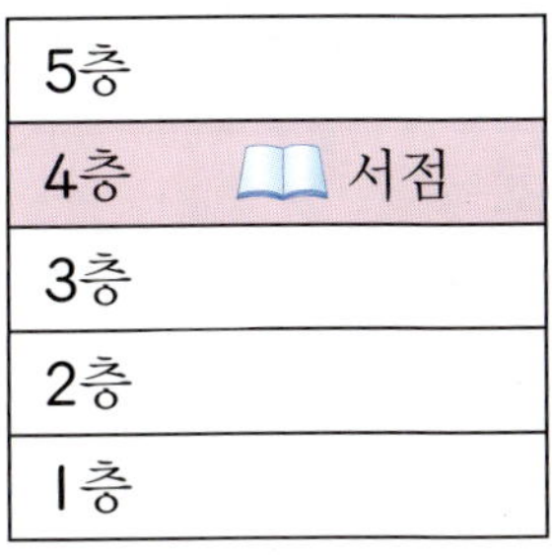

5층	
4층	📖 서점
3층	
2층	
1층	

❷ 미용실과 영화관은 각각 몇 층에 있는지 구하기

4 준석이네 모둠 학생들이 한 줄로 서 있습니다. 준석이는 앞에서 다섯째, 뒤에서 셋째에 서 있습니다. 준석이네 모둠 학생들은 모두 몇 명입니까?

❶ 준석이가 앞에서 다섯째, 뒤에서 셋째가 되도록 서 있는 학생을 ◯로 나타내기

❷ 준석이네 모둠 학생들은 모두 몇 명인지 구하기

그림을 그려 해결하기

5 젤리를 초롱이는 6개보다 하나 더 적게 먹었고, 희주는 4개 먹었고, 민혁이는 5개보다 하나 더 많이 먹었습니다. 젤리를 많이 먹은 사람부터 순서대로 이름을 쓰시오.

❶ 세 사람이 먹은 젤리 수만큼 각각 □를 그리기

초롱	
희주	□ □ □ □
민혁	

❷ 젤리를 많이 먹은 사람부터 순서대로 이름 쓰기

6 연필을 진희는 3자루 가지고 있고, 예솔이는 7자루 가지고 있습니다. 두 사람이 가지고 있는 연필 수가 같아지려면 예솔이는 진희에게 연필을 몇 자루 주어야 합니까?

❶ 두 사람이 가지고 있는 연필 수만큼 ○로 그리고 ○를 하나씩 짝 짓기

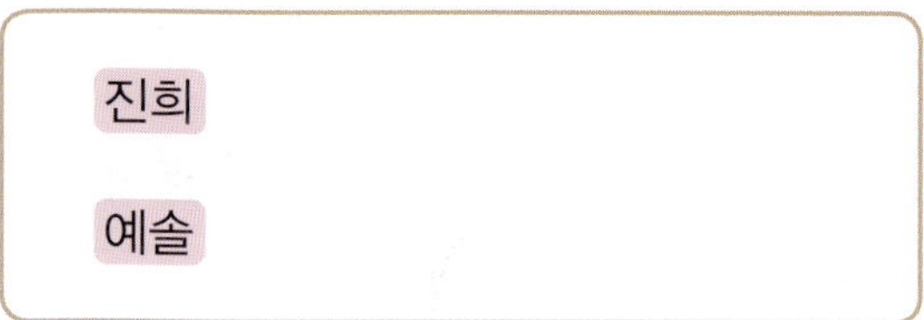

❷ 예솔이가 진희에게 주어야 하는 연필은 몇 자루인지 구하기

7 수경이는 가지고 있던 인형의 반을 동생에게 주었더니 **3**개가 남았습니다. 처음에 수경이가 가지고 있던 인형은 몇 개입니까?

8 주차장에 자동차가 **5**대 있습니다. 잠시 후에 **2**대가 들어왔고, 그중에서 한 대는 곧바로 나갔습니다. 다시 **2**대가 더 들어왔다면 지금 주차장에 있는 자동차는 모두 몇 대입니까?

9 딱지를 지훈이는 **10**장씩 묶음 **2**개를 가지고 있고, 성호는 **17**장 가지고 있습니다. 지훈이가 가진 딱지의 수와 같아지려면 성호는 딱지가 몇 장 더 있어야 합니까?

거꾸로 풀어 해결하기

1 ☆에 알맞은 수를 구하시오.

> - ☆과 |을 모으면 ㉠이 됩니다.
> - ㉠은 6과 2로 가를 수 있습니다.

문제 분석

구하려는 것에 밑줄을 긋고 주어진 조건을 정리해 보시오.

- ☆과 [ ]을 모으면 ㉠이 됩니다.
- ㉠은 6과 [ ]로 가를 수 있습니다.

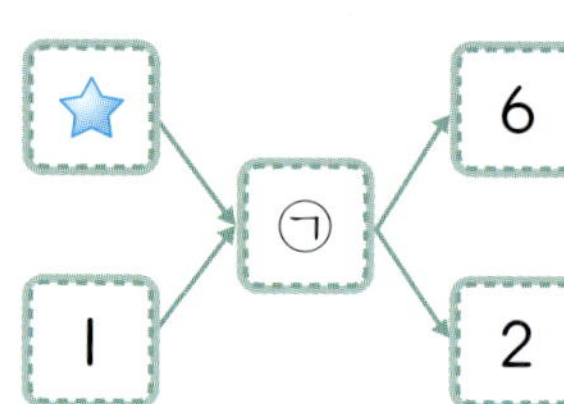

해결 전략

- 모으기와 가르기를 거꾸로 생각하여 ☆에 알맞은 수를 구합니다.
- 거꾸로 생각하면 모으기는 (모으기 , 가르기)가 되고, 가르기는 (모으기 , 가르기)가 됩니다.

풀이

❶ ㉠에 알맞은 수 구하기

㉠에 알맞은 수는 6과 2로 가를 수 있습니다.

➡ 6과 2를 모으면 [ ]이므로 ㉠에 알맞은 수는 [ ]입니다.

❷ ☆에 알맞은 수 구하기

☆에 알맞은 수와 |을 모으면 ㉠ [ ]이 됩니다.

➡ ㉠ [ ]은 [ ]과 |로 가를 수 있으므로

☆에 알맞은 수는 [ ]입니다.

답 [ ]

2 소희는 구슬 몇 개를 가지고 있었습니다. 동생에게 **3**개를 주고, 언니에게 **2**개를 받았더니 모두 **5**개가 되었습니다. 소희가 처음에 가지고 있던 구슬은 몇 개입니까?

문제 분석

구하려는 것에 밑줄을 긋고 주어진 조건을 정리해 보시오.

- 동생에게 준 구슬 수: ☐개
- 언니에게 받은 구슬 수: ☐개
- 소희가 지금 가지고 있는 구슬 수: ☐개

해결 전략

- 소희가 지금 가지고 있는 구슬 수에서 거꾸로 생각하여 처음에 가지고 있던 구슬 수를 구합니다.
- 거꾸로 생각하여 계산할 때는 덧셈은 (덧셈 , 뺄셈)으로, 뺄셈은 (덧셈 , 뺄셈)으로 바꾸어야 합니다.

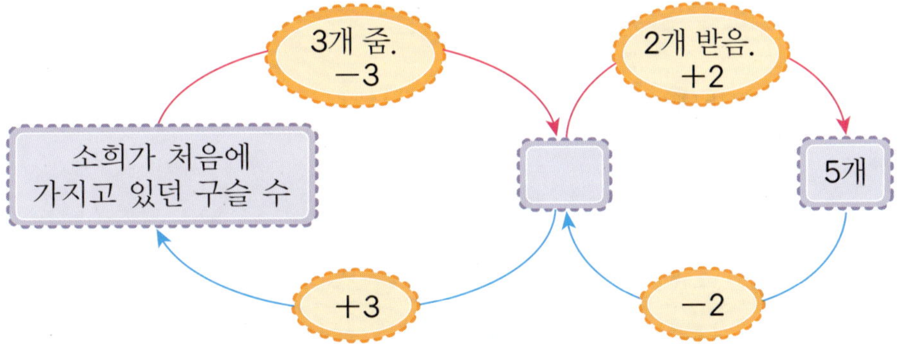

풀이

❶ 소희가 언니에게 **2**개를 받기 전의 구슬은 몇 개인지 구하기

(소희가 지금 가지고 있는 구슬 수)−(언니에게 받은 구슬 수)

$=5-$ ☐ $=$ ☐ (개)

❷ 소희가 처음에 가지고 있던 구슬은 몇 개인지 구하기

(소희가 언니에게 **2**개를 받기 전의 구슬 수)＋(동생에게 준 구슬 수)

$=$ ☐ $+3=$ ☐ (개)

답 ☐개

 수·연산 **23**

거꾸로 풀어 해결하기

1 어떤 수를 구하시오.

> • ●는 3과 3으로 가를 수 있습니다.
> • 어떤 수와 2를 모으면 ●가 됩니다.

❶ ●에 알맞은 수 구하기

❷ 어떤 수 구하기

2 ■에 알맞은 수를 구하시오.

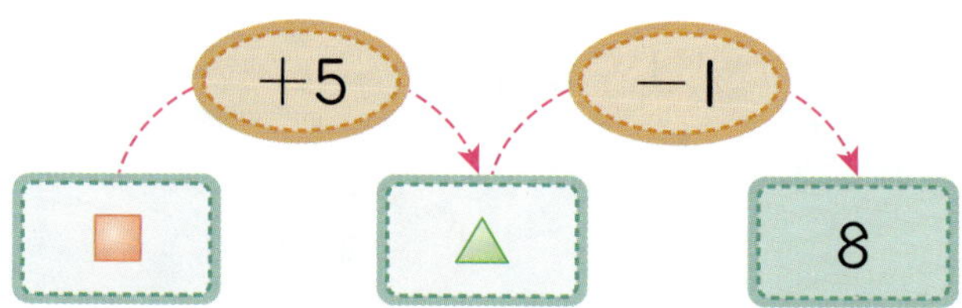

❶ △에 알맞은 수 구하기

❷ ■에 알맞은 수 구하기

3 축구 경기에서 성훈이가 넣은 골의 수는 지호가 넣은 골의 수보다 1 큰 수입니다. 성훈이가 넣은 골의 수가 3보다 1 작은 수라면 지호가 넣은 골은 몇 골입니까?

❶ 성훈이가 넣은 골은 몇 골인지 구하기

❷ 지호가 넣은 골은 몇 골인지 구하기

4 성하가 주사위를 세 번 던져 나온 눈의 수를 모두 모았더니 10이 되었습니다. 두 번째와 세 번째에 나온 눈의 수가 다음과 같을 때 첫 번째에 나온 눈의 수를 구하시오.

❶ 두 번째와 세 번째에 나온 눈의 수를 모은 수 구하기

❷ 첫 번째에 나온 눈의 수 구하기

거꾸로 풀어 해결하기

5 서준이는 색종이를 몇 장 가지고 있었는데 친구에게 3장을 받았더니 9장이 되었습니다. 진아는 서준이가 처음에 가지고 있던 색종이의 수보다 4장 적게 가지고 있습니다. 진아가 가지고 있는 색종이는 몇 장입니까?

❶ 서준이가 처음에 가지고 있던 색종이는 몇 장인지 구하기

❷ 진아가 가지고 있는 색종이는 몇 장인지 구하기

6 버스에 몇 명이 타고 있었는데 그중에서 4명이 내리고, 2명이 더 탔습니다. 지금 버스에 타고 있는 사람이 3명이라면 처음 버스에 타고 있던 사람은 몇 명입니까?

❶ 2명이 더 타기 전에 버스에 타고 있던 사람은 몇 명인지 구하기

❷ 처음 버스에 타고 있던 사람은 몇 명인지 구하기

바른답 • 알찬풀이 05쪽

7 다음을 읽고 어떤 수와 5의 차를 구하시오.

8 같은 모양은 같은 수를 나타냅니다. ♣에 알맞은 수를 구하시오.

$$1 + ♠ = 6, \quad ♠ - ♣ = 4$$

9 영은이는 사탕을 7개 가지고 있었는데 동생에게 몇 개를 주고, 1개를 먹었더니 4개가 되었습니다. 동생에게 준 사탕은 몇 개입니까?

규칙을 찾아 해결하기

1

수 배열표에서 규칙을 찾아 ⭐과 ❤에 알맞은 수를 각각 구하시오.

21		23	24	25				⭐	
	32	33		35			38		
								❤	

문제 분석

구하려는 것에 밑줄을 긋고 주어진 조건을 정리해 보시오.

수 배열표에 규칙적으로 늘어놓은 수

해결 전략

오른쪽으로 한 칸 갈 때마다, 아래쪽으로 한 칸 갈 때마다 어떤 규칙이 있는지 찾아봅니다.

풀이

❶ 수 배열표에서 규칙 찾기

- 오른쪽 방향: 23 − 24 − 25 − ……, 32 − 33 − ……

  ➡ 오른쪽으로 한 칸 갈 때마다 ☐씩 커집니다.

- 아래쪽 방향: 23 − 33 − ……, 25 − 35 − ……

  ➡ 아래쪽으로 한 칸 갈 때마다 ☐씩 커집니다.

❷ ⭐과 ❤에 알맞은 수 각각 구하기

21		23	24	25				⭐	
	32	33		35			38		
								❤	

⭐에 알맞은 수는 ☐이고 ❤에 알맞은 수는 ☐입니다.

답

⭐: ☐ , ❤: ☐

2 화살표의 규칙에 맞게 ㉠에 알맞은 수를 두 가지 방법으로 읽어 보시오.

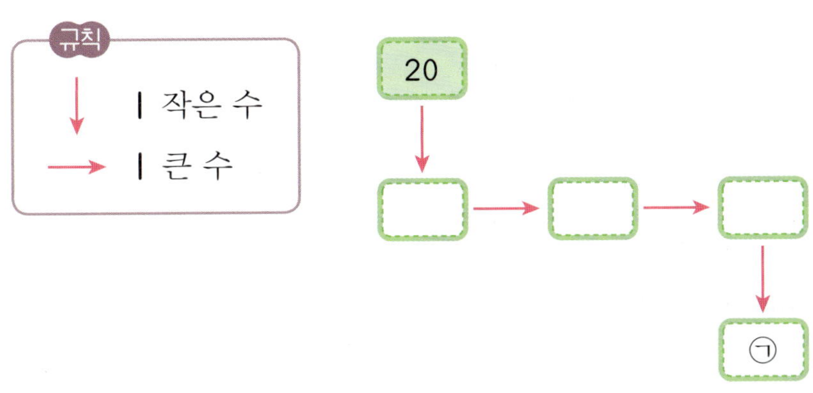

문제 분석 **구하려는 것**에 밑줄을 긋고 **주어진 조건**을 정리해 보시오.

↓ : | (작은 , 큰) 수, → : | (작은 , 큰) 수

해결 전략 화살표가 시작하는 곳의 수 [ ] 부터 화살표의 규칙에 따라 수를 씁니다.

풀이 ❶ 규칙에 따라 빈 곳에 알맞은 수 써넣기

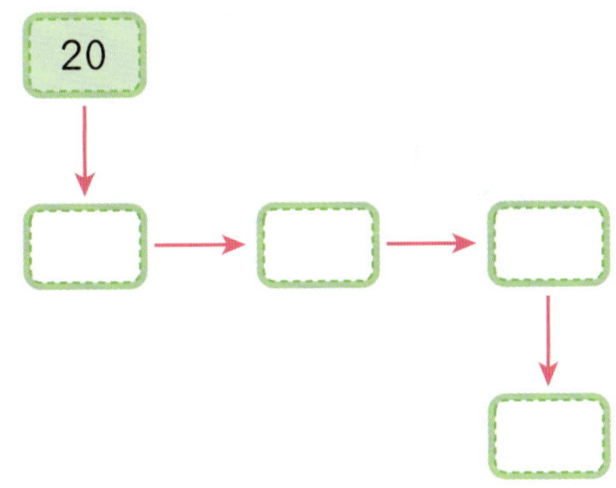

❷ ㉠에 알맞은 수를 두 가지 방법으로 읽기

㉠에 알맞은 수는 [ ] 입니다.

㉠ [ ] 을 두 가지 방법으로 읽어 보면 [ ] , [ ] 입니다.

답 [ ] , [ ]

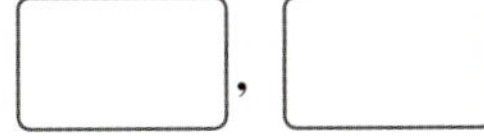

규칙을 찾아 해결하기

1 규칙에 따라 빈 곳에 알맞은 수를 써넣으시오.

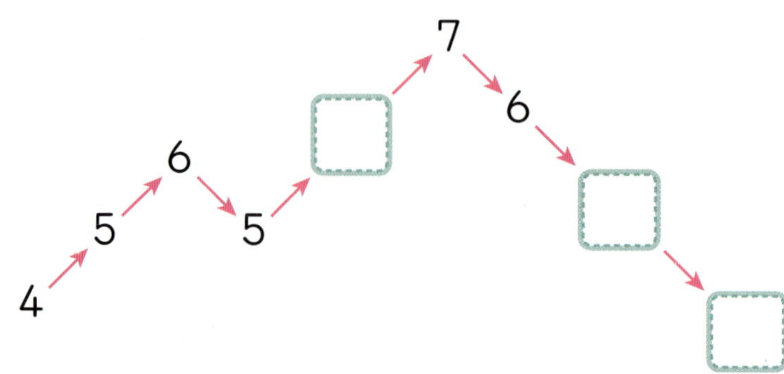

❶ 수 배열에서 규칙 찾기

❷ 빈 곳에 알맞은 수 써넣기

2 (가), (나), (다)는 모두 같은 규칙에 따라 5개의 수를 놓은 것입니다. 🍂에 알맞은 수를 구하시오.

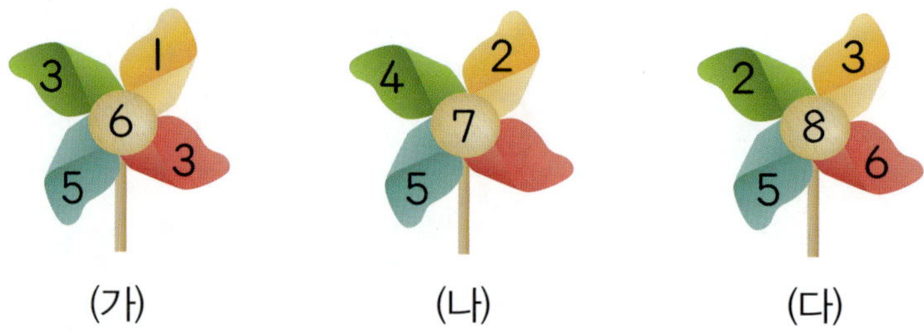

❶ (가), (다)에서 규칙 찾기

❷ 🍂에 알맞은 수 구하기

바른답 • 알찬풀이 07쪽

3 수현이가 오른쪽과 같이 일정하게 놓인 쿠키 한 상자를 사 왔습니다. 보이지 않는 부분까지 쿠키가 모두 채워져 있다면 쿠키 상자에 있는 쿠키는 모두 몇 개입니까?

❶ 쿠키 상자에 있는 쿠키 수의 규칙 찾기

❷ 쿠키 상자에 있는 쿠키는 모두 몇 개인지 구하기

4 어느 해 7월의 달력입니다. 혜교가 초록색 물감을 엎질러서 달력의 수가 잘 보이지 않습니다. ☆과 ♥에 알맞은 수를 각각 구하시오.

❶ 달력에서 규칙 찾기

❷ ☆에 알맞은 수 구하기

❸ ♥에 알맞은 수 구하기

규칙을 찾아 해결하기

5 규칙을 찾아 ㉠, ㉡에 알맞은 수를 각각 구하시오.

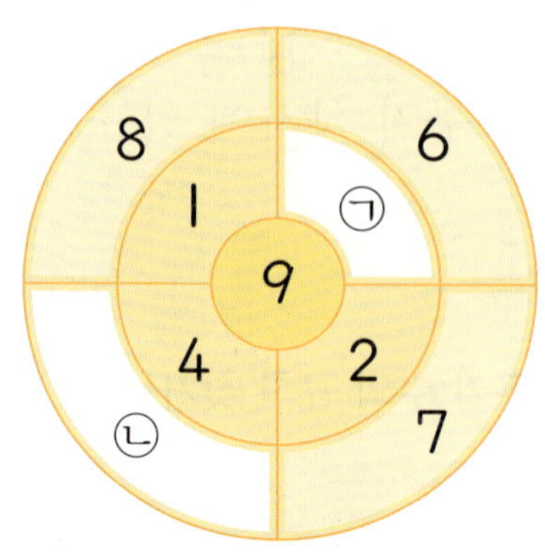

❶ 규칙 찾기

❷ ㉠에 알맞은 수 구하기

❸ ㉡에 알맞은 수 구하기

6 ㉠과 ㉡에 알맞은 수 중에서 더 큰 수를 찾아 기호를 쓰시오.

> ㉠ 5에서 10씩 4번 커진 수입니다.
> ㉡ 45에서 1씩 5번 작아진 수입니다.

❶ ㉠에 알맞은 수 구하기

❷ ㉡에 알맞은 수 구하기

❸ ㉠과 ㉡에 알맞은 수 중에서 더 큰 수를 찾아 기호 쓰기

7 정민이는 요술 기계로 계산 놀이를 하고 있습니다. 💜 모양과 ▱ 모양의 요술 기계에 수를 넣으면 다음과 같은 규칙으로 수가 나옵니다. 💜 모양의 요술 기계에 6을 넣어 나온 수를 다시 ▱ 모양의 요술 기계에 넣으면 어떤 수가 나옵니까?

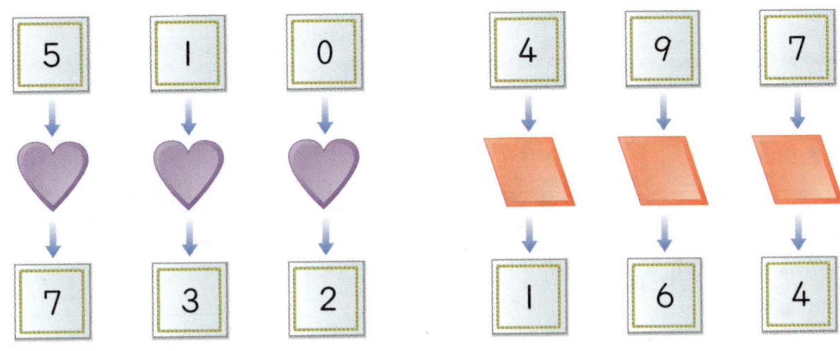

8 윤희는 규칙을 정하여 수를 배열하였습니다. ♣와 ♠에 알맞은 수 중에서 더 큰 수를 구하시오.

	28				44
26	♣				
25				41	
24		32			♠

조건을 따져 해결하기

1 노란색 공과 빨간색 공이 모두 **5**개 있습니다. 노란색 공이 빨간색 공보다 **1**개 더 많다면 노란색 공과 빨간색 공은 각각 몇 개입니까?

문제 분석

구하려는 것에 밑줄을 긋고 주어진 조건을 정리해 보시오.

- 노란색 공과 빨간색 공의 수의 합: ☐ 개
- 노란색 공이 빨간색 공보다 ☐ 개 더 많습니다.

해결 전략

합이 ☐ 가 되고 차가 ☐ 이 되는 두 수를 찾아봅니다.

풀이

❶ 1부터 4까지의 수 중에서 합이 5인 두 수 모두 구하기

$1 + ☐ = 5, 2 + ☐ = 5, 3 + ☐ = 5, 4 + ☐ = 5$

➡ 합이 5인 두 수는 1과 ☐ , 2와 ☐ 입니다.

❷ ❶에서 구한 두 수 중에서 차가 1인 두 수 찾기

1과 ☐ 의 차를 구하면 ☐ − ☐ = ☐

2와 ☐ 의 차를 구하면 ☐ − ☐ = ☐

➡ 차가 1인 두 수는 ☐ 와 ☐ 입니다.

❸ 노란색 공과 빨간색 공은 각각 몇 개인지 구하기

노란색 공이 빨간색 공보다 1개 더 (많습니다 , 적습니다).

➡ 노란색 공은 ☐ 개, 빨간색 공은 ☐ 개입니다.

답

노란색 공: ☐ 개, 빨간색 공: ☐ 개

바른답 • 알찬풀이 08쪽

2 정아와 현주가 가지고 있는 수 카드로 몇십몇을 만들려고 합니다. 더 큰 수를 만들 수 있는 사람은 누구입니까?

정아

| 1 | 4 |

현주

| 2 | 3 |

문제 분석

구하려는 것에 밑줄을 긋고 **주어진 조건**을 정리해 보시오.

• 정아의 수 카드의 수: ☐ , ☐   • 현주의 수 카드의 수: ☐ , ☐

• 수 카드로 몇십몇 만들기

해결 전략

정아와 현주가 가지고 있는 수 카드로 몇십몇을 만든 다음 수의 크기를 비교해 봅니다.

풀이

❶ 정아가 수 카드로 만들 수 있는 더 큰 수 구하기

정아가 수 카드로 만들 수 있는 수는 ☐ , ☐ 이고,

이 중에서 더 큰 수는 ㉠ ☐ 입니다.

❷ 현주가 수 카드로 만들 수 있는 더 큰 수 구하기

현주가 수 카드로 만들 수 있는 수는 ☐ , ☐ 이고,

이 중에서 더 큰 수는 ㉡ ☐ 입니다.

❸ 더 큰 수를 만들 수 있는 사람은 누구인지 구하기

㉠ ☐ 과 ㉡ ☐ 중에서 더 큰 수는 ☐ 입니다.

➡ 더 큰 수를 만들 수 있는 사람은 (정아 , 현주)입니다.

답

☐

조건을 따져 해결하기

1 마당에 오리 2마리와 고양이 몇 마리가 놀고 있습니다. 오리와 고양이의 다리를 세어 보았더니 모두 8개였습니다. 마당에 있는 고양이는 몇 마리입니까?

❶ 오리의 다리는 모두 몇 개인지 구하기

❷ 고양이의 다리는 모두 몇 개인지 구하기

❸ 고양이는 몇 마리인지 구하기

2 4장의 수 카드 중에서 2장을 골라 합이 가장 큰 덧셈식을 만들어 보시오.

❶ 알맞은 말에 ○표 하기

> 합이 가장 큰 덧셈식을 만들려면 가장 큰 수와 (둘째로 큰 수 , 가장 작은 수)를 더해야 합니다.

❷ 수 카드에 적힌 수 중에서 가장 큰 수와 둘째로 큰 수 찾기

❸ 합이 가장 큰 덧셈식 만들기

3 주머니에 유리구슬과 쇠구슬이 모두 8개 있습니다. 유리구슬이 쇠구슬보다 4개 더 많다면 유리구슬은 몇 개입니까?

❶ I부터 7까지의 수 중에서 합이 8인 두 수 모두 구하기

❷ ❶에서 구한 두 수 중에서 차가 4인 두 수 찾기

❸ 유리구슬은 몇 개인지 구하기

4 ㉮ 상자와 ㉯ 상자에 과자가 들어 있습니다. 정민이는 과자가 더 많이 들어 있는 상자를 사려고 합니다. 정민이는 어느 상자를 사야 합니까?

㉮ 상자	10개씩 묶음 3개, 낱개 5개
㉯ 상자	10개씩 묶음 2개, 낱개 14개

❶ ㉮ 상자에 들어 있는 과자는 몇 개인지 구하기

❷ ㉯ 상자에 들어 있는 과자는 몇 개인지 구하기

❸ 정민이는 어느 상자를 사야 하는지 구하기

조건을 따져 해결하기

5 ▨ 안에 같은 수를 넣으려고 합니다. ▨ 안에 들어갈 수 있는 수는 모두 몇 개입니까?

> - ▨는 35보다 큽니다.
> - ▨는 42보다 작습니다.

❶ 35보다 큰 수 구하기

❷ 42보다 작은 수 구하기

❸ ▨ 안에 들어갈 수 있는 수는 모두 몇 개인지 구하기

6 성희가 가지고 있는 책의 종류를 조사한 것입니다. 그런데 ▧ 부분은 숫자 한 개가 지워져 잘 보이지 않습니다. 책의 수가 종류별로 모두 다르다고 할 때 많이 있는 책의 종류부터 순서대로 쓰시오.

종류	만화책	동화책	백과사전
책 수(권)	3▧	29	2▧

❶ 가장 많이 있는 책의 종류 쓰기

❷ 가장 적게 있는 책의 종류 쓰기

❸ 많이 있는 책의 종류부터 순서대로 쓰기

7 5장의 수 카드 중에서 2장을 골라 차가 가장 큰 뺄셈식을 만들어 보시오.

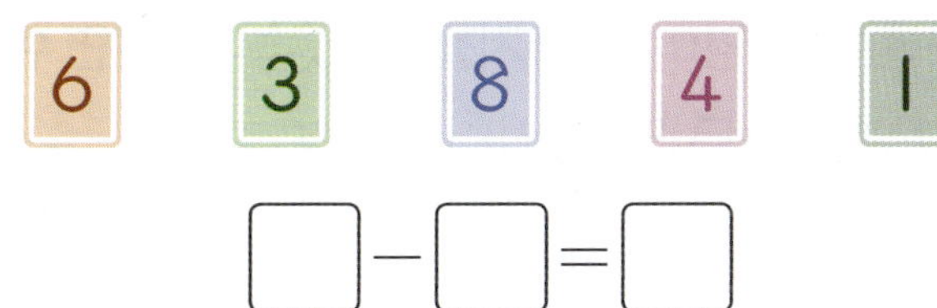

☐ – ☐ = ☐

8 다음 두 수 사이의 수가 5개일 때 ㉠이 될 수 있는 수를 모두 구하시오.

| 24 | ㉠ |

9 다음 세 가지 조건을 모두 만족하는 수를 구하시오.

㉠ 13보다 크고 26보다 작습니다.
㉡ 10개씩 묶음 2개와 낱개 1개인 수보다 큰 수입니다.
㉢ 10개씩 묶음의 수와 낱개의 수의 합이 6입니다.

그림을 그려 해결하기

1 연수네 모둠 학생 9명이 달리기를 하였습니다. 연수가 8등을 하였다면 연수보다 빨리 달린 학생은 모두 몇 명입니까?

조건을 따져 해결하기

2 수 카드에 적힌 수를 작은 수부터 순서대로 늘어놓을 때 오른쪽에서 넷째에 놓이는 수를 구하시오.

그림을 그려 해결하기

3 연못에 오리 7마리가 있습니다. 그중에서 몇 마리가 연못 밖으로 나가고 3마리가 남았습니다. 연못 밖으로 나간 오리는 몇 마리입니까?

4 ㉠과 ㉡에 알맞은 수를 모으면 얼마입니까?

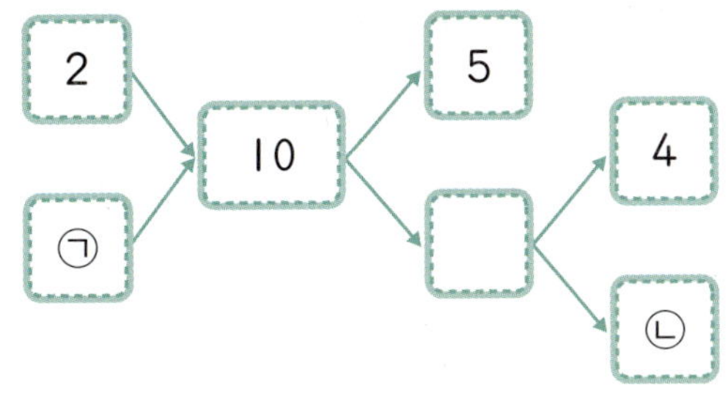

5 수 배열표의 일부분이 찢어진 것입니다. 규칙을 찾아 △에 알맞은 수를 구하시오.

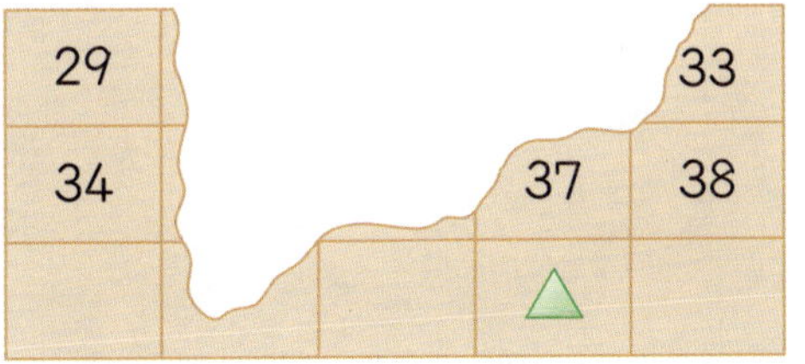

6 지호는 수학 문제집을 어제는 3쪽 풀었고, 오늘은 어제보다 1쪽 더 적게 풀었습니다. 지호가 어제와 오늘 푼 수학 문제집은 모두 몇 쪽입니까?

7 풍선을 서연이는 6개, 희웅이는 5개, 민지는 3개 가지고 있었습니다. 잠시 후 서연이의 풍선 4개와 희웅이의 풍선 1개가 터졌습니다. 터지지 않은 풍선은 모두 몇 개입니까?

8 가위바위보에서 이긴 학생들의 펼친 손가락은 모두 몇 개입니까?

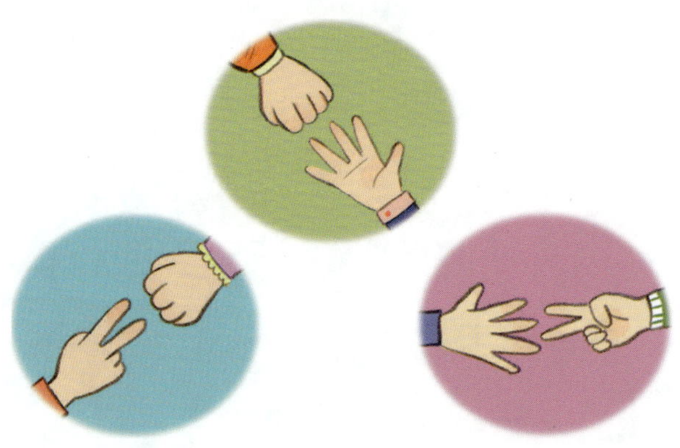

9 경수의 일기를 읽고 처음 접시에 있던 딸기는 몇 개인지 구하시오.

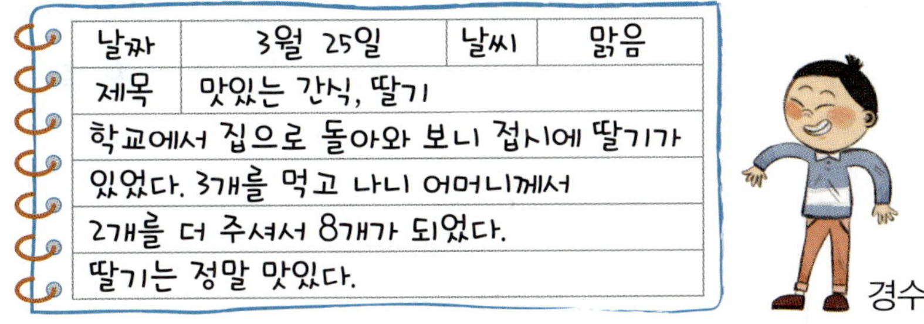

10 종우의 학급 번호표가 찢어져 10개씩 묶음의 수가 보이지 않습니다. 종우의 번호가 16번과 32번 사이일 때 종우는 몇 번입니까?

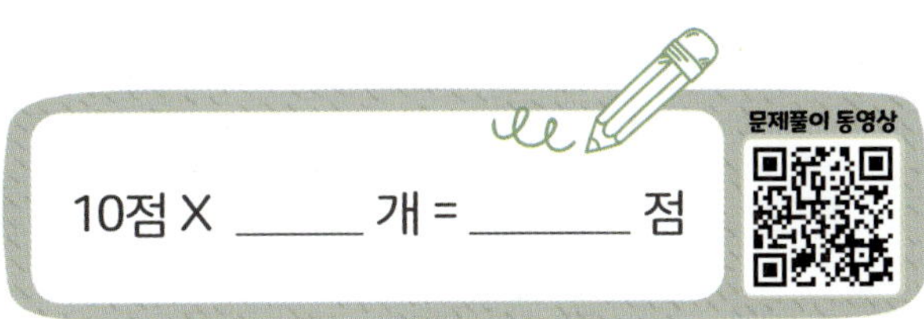

10점 X ______ 개 = ______ 점

1 은혜, 민호, 수지는 같은 아파트에 살고 있습니다. 은혜는 1층에서 3층 위에 살고 있고, 민호는 은혜보다 1층 위에 살고 있습니다. 수지는 7층과 9층 사이에 살고 있다면 민호네 집과 수지네 집 사이에는 몇 층과 몇 층이 있습니까?

2 탁자 위에 사탕이 9개 있습니다. 그중에서 서희와 강준이가 같은 수만큼 나누어 먹었더니 1개가 남았습니다. 서희가 먹은 사탕은 몇 개입니까?

3 지호는 한 봉지에 10개씩 들어 있는 구슬 3봉지와 낱개로 12개를 가지고 있습니다. 동생에게 구슬을 한 봉지 주면 지호에게 남은 구슬은 몇 개입니까?

4 수 배열표에서 ■에 알맞은 수는 ◯에 알맞은 수보다 몇 큰 수입니까?

11	12	13	14				18		
	22						◯		
				■					

5 ☆에 알맞은 수를 구하시오.

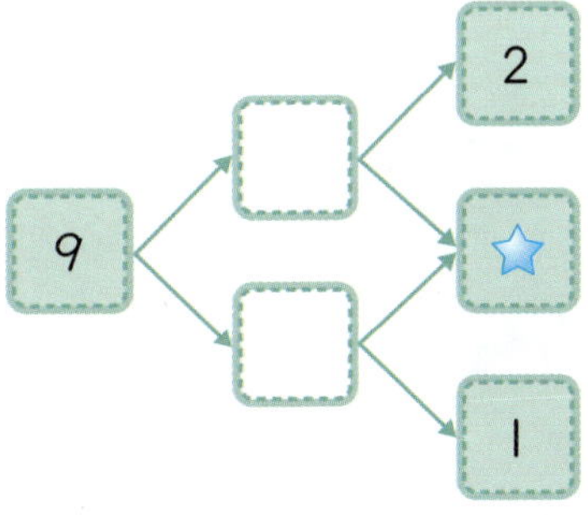

6 서경이의 일기를 읽고 동물원의 동물이 수족관의 동물보다 몇 마리 더 많은지 구하시오.

날짜	5월 1일 토요일	날씨	맑음
제목	신나는 놀이공원		

오늘은 가족들과 함께 동물원과 수족관에 갔다.
동물원에는 호랑이 3마리, 곰 2마리, 기린 4마리가 있었다.
수족관에는 물개가 4마리, 상어가 3마리 있었다.
많은 동물들을 보니 정말 신나는 하루였다.

7 어떤 수에 2를 더해야 할 것을 잘못하여 뺐더니 5가 되었습니다. 바르게 계산하면 얼마입니까?

8 나무 밑에 도토리가 8개 있습니다. 그중에서 너구리가 3개를 먹었고, 다람쥐가 1개를 먹었습니다. 잠시 후 나무에서 도토리 2개가 더 떨어졌다면 지금 나무 밑에 있는 도토리는 모두 몇 개입니까?

9 다음 세 가지 조건을 모두 만족하는 수를 구하시오.

㉠ 35와 45 사이의 수입니다.
㉡ 10개씩 묶음의 수와 낱개의 수의 차는 3입니다.
㉢ 10개씩 묶음의 수가 낱개의 수보다 큽니다.

10 △와 ●에 알맞은 수를 각각 구하시오. (단, 같은 모양은 같은 수를 나타냅니다.)

$$△ + ● = 6, \quad △ - ● = 2$$

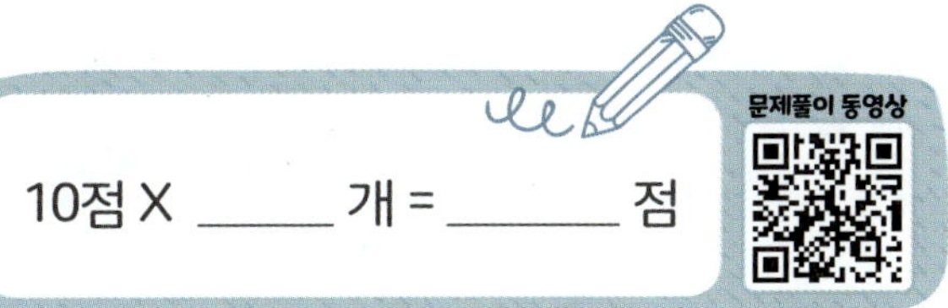

2장 도형·측정

" 학습 계획 세우기 "

	익히기	적용하기	
그림을 그려 해결하기	☐ 52~53쪽 월 일	☐ 54~55쪽 월 일	☐ 56~57쪽 월 일
규칙을 찾아 해결하기	☐ 58~59쪽 월 일	☐ 60~61쪽 월 일	☐ 62~63쪽 월 일
조건을 따져 해결하기	☐ 64~65쪽 월 일	☐ 66~67쪽 월 일	☐ 68~69쪽 월 일

마무리 1회	마무리 2회
☐ 70~73쪽 월 일	☐ 74~77쪽 월 일

1 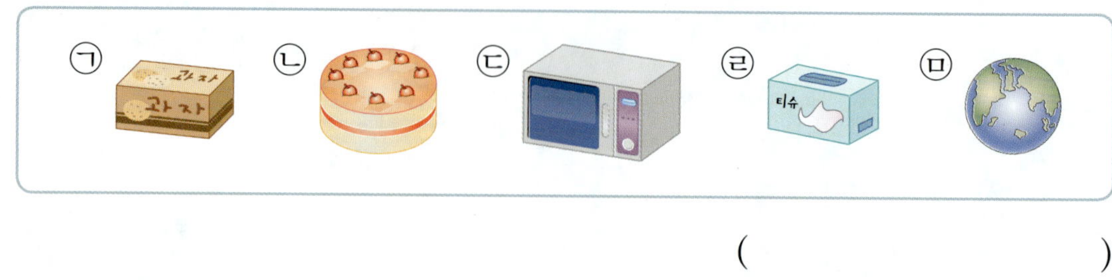 모양을 모두 찾아 기호를 쓰시오.

(   )

2 알맞은 모양에 ◯표 하시오.

> • 평평한 부분이 있습니다.   • 눕히면 잘 굴러갑니다.

3 위에서 보았을 때 ● 모양인 물건은 모두 몇 개입니까?

(   )

4 오른쪽 모양을 만드는 데 이용한 ▨, ▢, ◯ 모양은 각각 몇 개입니까?

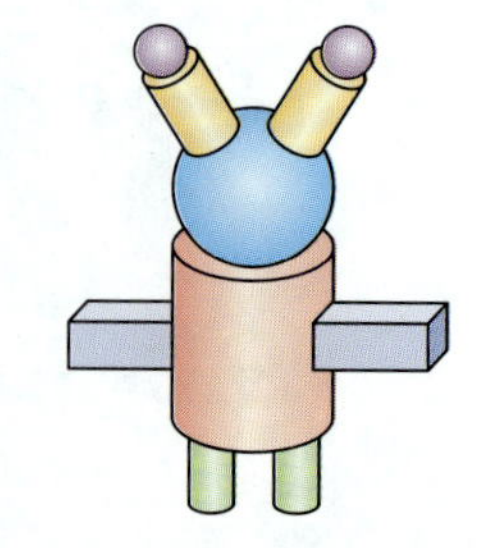

▨ 모양: (   ), ▢ 모양: (   ), ◯ 모양: (   )

5 줄넘기의 줄의 길이가 가장 긴 것은 무엇입니까?

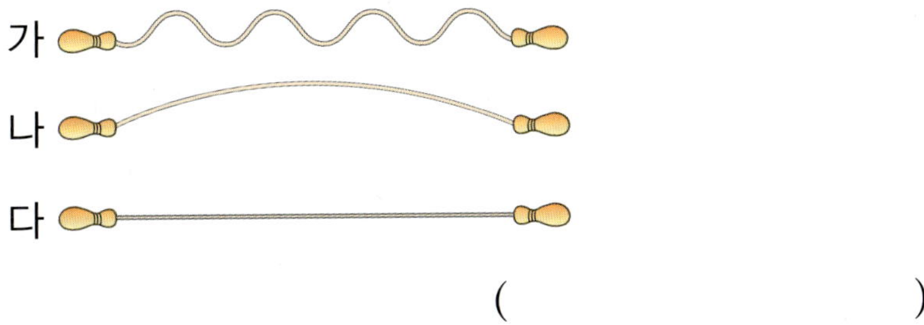

(   )

6 사과와 배 중에서 더 가벼운 것은 무엇입니까?

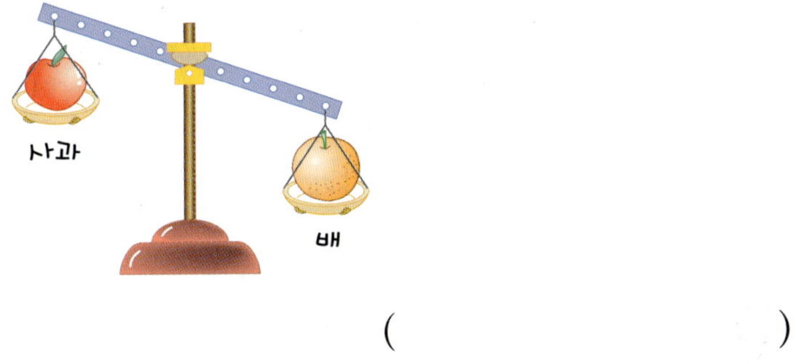

(   )

7 화단에 그림과 같이 튤립과 장미를 심었습니다. 더 좁은 부분에 심은 것은 무엇입니까?

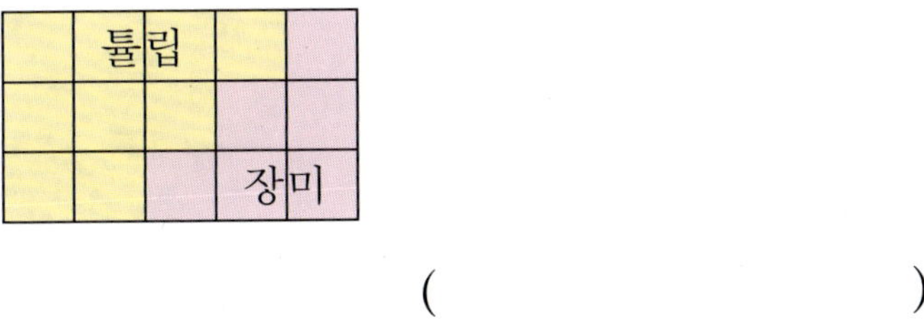

(   )

8 담을 수 있는 양이 가장 많은 것에 ◯표 하시오.

(   )   (   )   (   )

그림을 그려 해결하기

1

높이가 낮은 빌딩부터 차례대로 쓰시오.

> • 미래 빌딩은 희망 빌딩보다 더 높습니다.
> • 사랑 빌딩은 희망 빌딩보다 더 낮습니다.
> • 기쁨 빌딩은 미래 빌딩보다 더 높습니다.

문제 분석

구하려는 것에 밑줄을 긋고 **주어진 조건**을 정리해 보시오.

• 미래 빌딩은 희망 빌딩보다 더 (높습니다 , 낮습니다).
• 사랑 빌딩은 희망 빌딩보다 더 (높습니다 , 낮습니다).
• 기쁨 빌딩은 미래 빌딩보다 더 (높습니다 , 낮습니다).

해결 전략

• 땅을 기준선으로 그리고 빌딩을 ⬜ 와 같이 나타내 봅니다.

• 빌딩이 낮을수록 건물의 높이를 (낮게 , 높게) 그립니다.

풀이

❶ 미래, 희망, 사랑, 기쁨 빌딩의 높이를 비교하여 ⬜ 와 같이 그리기

	미래	희망	사랑	기쁨

❷ 높이가 낮은 빌딩부터 차례대로 쓰기

높이가 낮은 빌딩부터 차례대로 쓰면 ⬜ 빌딩, ⬜ 빌딩, ⬜ 빌딩, ⬜ 빌딩입니다.

답 ⬜ 빌딩, ⬜ 빌딩, ⬜ 빌딩, ⬜ 빌딩

2 🟣 구슬 1개의 무게는 🟠 구슬 몇 개의 무게와 같습니까? (단, 같은 색의 구슬은 무게가 같습니다.)

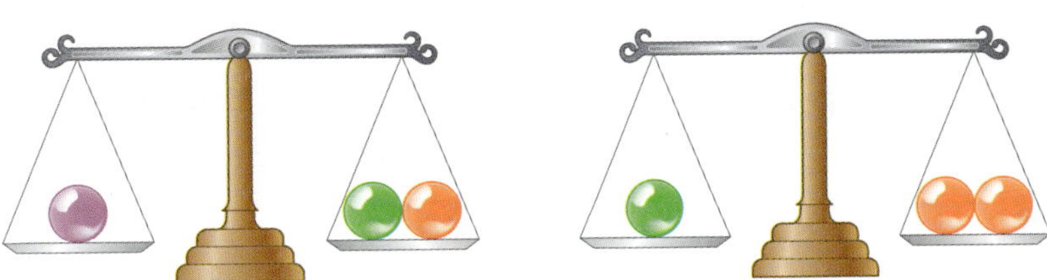

문제 분석

구하려는 것에 밑줄을 긋고 **주어진 조건**을 정리해 보시오.

저울이 어느 한 쪽으로 기울지 않았으므로 저울 위에 올린 양쪽의 무게는 (같습니다 , 다릅니다).

해결 전략

구슬의 무게를 각각 □, ○, △로 나타내어 비교해 봅니다.

풀이

❶ 🟣 구슬 1개의 무게를 □로, 🟢 구슬 1개의 무게를 ○로, 🟠 구슬 1개의 무게를 △로 나타내기

• 왼쪽 저울에서 🟣 구슬 1개의 무게는 🟢 구슬 1개와 🟠 구슬 ☐ 개의 무게의 합과 같으므로 □=○△입니다.

• 오른쪽 저울에서 🟢 구슬 1개의 무게는 🟠 구슬 ☐ 개의 무게와 같으므로 ○=☐ 입니다.

❷ 🟣 구슬 1개의 무게는 🟠 구슬 몇 개와 무게가 같은지 구하기

□=○△ 에서 ○ 대신 ☐ 로 나타내면

□=○△=☐ 입니다.

➡ 🟣 구슬 1개의 무게는 🟠 구슬 ☐ 개의 무게와 같습니다.

답

☐ 개

그림을 그려 해결하기

1 길이가 긴 물건부터 차례대로 쓰시오.

> • 숟가락은 젓가락보다 더 짧습니다.
> • 국자는 젓가락보다 더 깁니다.

❶ 숟가락, 젓가락, 국자의 길이를 비교하여 ├──➔ 와 같이 그리기

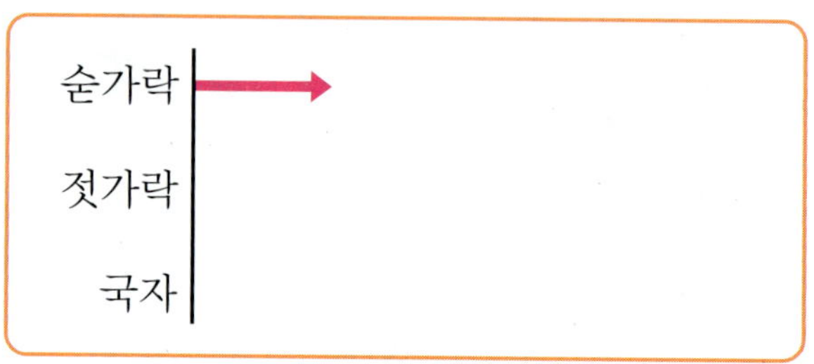

❷ 길이가 긴 물건부터 차례대로 쓰기

2 경민, 찬민, 석민이는 키가 작은 사람부터 차례대로 앞에서부터 줄을 섰습니다. 경민이 앞에 찬민이가 섰고, 석민이 뒤에는 찬민이가 섰습니다. 세 사람 중에서 키가 가장 큰 사람은 누구입니까?

❶ 줄을 선 위치에 맞게 빈칸에 경민, 찬민, 석민이의 이름 써넣기

❷ 세 사람 중에서 키가 가장 큰 사람은 누구인지 구하기

바른답 • 알찬풀이 14쪽

3 연못, 저수지, 호수의 넓이를 비교한 것입니다. 연못, 저수지, 호수 중에서 가장 넓은 것은 어느 것입니까?

> • 연못은 저수지보다 더 좁습니다.
> • 저수지는 호수보다 더 좁습니다.

❶ 연못, 저수지, 호수의 넓이를 비교하여 🔵 모양으로 그리기

🔵		
연못	저수지	호수

❷ 연못, 저수지, 호수 중에서 가장 넓은 것은 어느 것인지 구하기

4 준성, 윤아, 세훈이는 같은 아파트에 살고 있습니다. 세 사람 중에서 가장 낮은 층에 사는 사람은 누구입니까?

> • 준성이는 윤아보다 더 높은 층에 삽니다.
> • 윤아는 세훈이보다 더 낮은 층에 삽니다.

❶ 준성이와 윤아 중에서 낮은 층에 사는 사람은 아래 칸에, 높은 층에 사는 사람은 위 칸에 이름 써넣기

❷ 윤아와 세훈이 중에서 낮은 층에 사는 사람은 아래 칸에, 높은 층에 사는 사람은 위 칸에 이름 써넣기

❸ 세 사람 중에서 가장 낮은 층에 사는 사람은 누구인지 구하기

그림을 그려 해결하기

5 축구공 1개의 무게는 야구공 3개의 무게와 같습니다. 축구공 3개와 야구공 10개 중에서 더 무거운 것은 어느 것입니까?

❶ 야구공 1개의 무게를 ▢라고 할 때 축구공 1개의 무게를 ▢로 나타내기

❷ 축구공 3개는 야구공 몇 개의 무게와 같은지 구하기

❸ 축구공 3개와 야구공 10개 중에서 더 무거운 것은 어느 것인지 구하기

6 똑같은 길이의 색 테이프를 각 물건의 길이만큼 잘라 내고 남은 것입니다. 크레파스, 색연필, 형광펜 중에서 가장 긴 물건은 어느 것입니까?

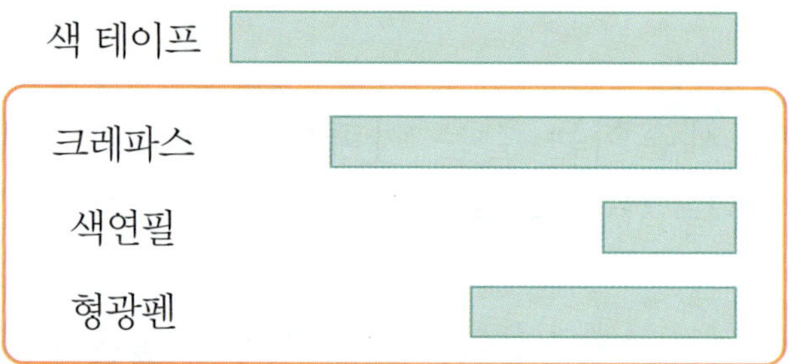

❶ 잘라 낸 색 테이프의 길이만큼 그리기

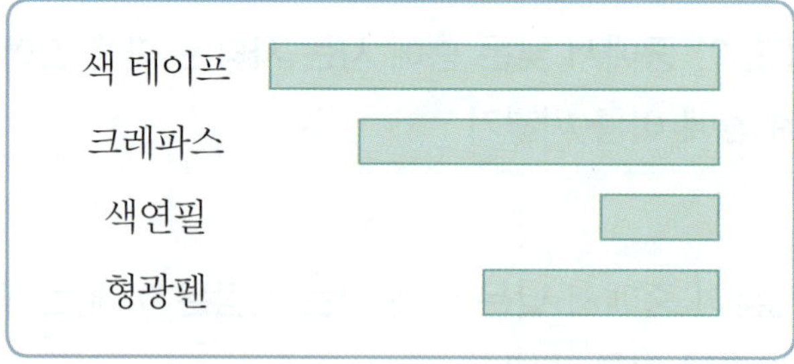

❷ 크레파스, 색연필, 형광펜 중에서 가장 긴 물건은 어느 것인지 구하기

바른답·알찬풀이 14쪽

7 연습장과 달력을 겹쳐 보면 연습장에 남는 부분이 있고, 연습장과 스케치북을 겹쳐 보면 스케치북에 남는 부분이 있습니다. 연습장, 달력, 스케치북 중에서 가장 좁은 것은 어느 것입니까?

8 키가 작은 사람부터 차례대로 이름을 쓰시오.

> • 준상이는 민재보다 키가 더 작습니다.
> • 준상이는 창현이보다 키가 더 큽니다.
> • 하윤이는 키가 가장 작습니다.

9 로봇 1개의 무게는 인형 4개의 무게와 같고, 인형 1개의 무게는 장난감 자동차 2개의 무게와 같습니다. 로봇 1개의 무게는 장난감 자동차 몇 개의 무게와 같습니까? (단, 같은 장난감은 무게가 같습니다.)

규칙을 찾아 해결하기

1 규칙에 따라 물건을 늘어놓은 것입니다. 빈 곳에 들어갈 ▮ 모양은 몇 개입니까?

야구공　캔

문제 분석　구하려는 것에 밑줄을 긋고 주어진 조건을 정리해 보시오.

규칙적으로 늘어놓은 [　　]과 캔

해결 전략　야구공과 캔이 반복되는 순서와 개수의 규칙을 찾아봅니다.

풀이

❶ 나열한 물건의 규칙 찾기

- 야구공과 캔이 반복되는 규칙입니다.

- 야구공은 [　]개씩이고, 캔은 I개, [　]개, [　]개……로

　[　]개씩 늘어나는 규칙입니다.

❷ 빈 곳에 들어갈 ▮ 모양은 몇 개인지 구하기

빈 곳에 들어갈 캔은 [　]개이고 캔은 (▮, ▮, ●) 모양입니다.

➡ 빈 곳에 들어갈 ▮ 모양은 [　]개입니다.

답　[　]개

2 규칙에 따라 ▨, ▥, ● 모양을 늘어놓은 것입니다. 빈 곳에 들어갈 모양과 같은 모양의 물건을 주변에서 1개만 찾아 쓰시오.

문제 분석 **구하려는 것**에 밑줄을 긋고 **주어진 조건**을 정리해 보시오.

규칙적으로 놓인 ▨, ▥, ● 모양

해결 전략
- ▨, ▥, ● 모양이 놓이는 규칙을 찾아 빈 곳에 알맞은 모양을 알아봅니다.
- 주변에서 빈 곳에 들어갈 모양과 같은 모양의 물건을 찾아봅니다.

풀이

❶ ▨, ▥, ● 모양이 놓이는 규칙 찾기

● 모양 2개 다음에 놓이는 모양은 (▨ , ▥ , ●)입니다.

▨ 모양 다음에 놓이는 모양은 (▨ , ▥ , ●)입니다.

➡ ●, ●, ▨, ☐ 모양이 반복되는 규칙입니다.

❷ 빈 곳에 들어갈 모양과 같은 모양의 물건을 1개만 찾아 쓰기

빈 곳에 들어갈 모양은 ●, ●, ▨ 다음이므로 ☐ 모양입니다.

➡ 빈 곳에 들어갈 모양과 같은 모양의 물건을 한 가지 쓰면 ☐ 입니다.

답

규칙을 찾아 해결하기

1 규칙에 따라 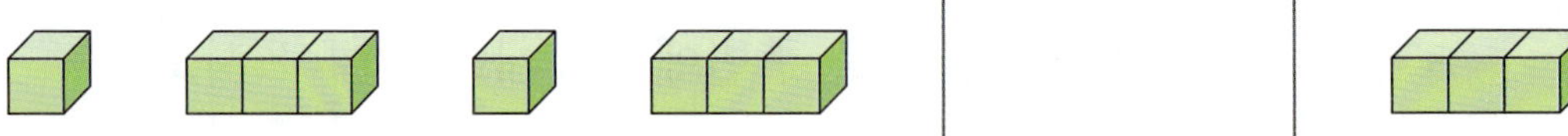 모양을 늘어놓은 것입니다. 빈 곳에 들어갈 모양은 몇 개입니까?

❶ 모양을 늘어놓은 규칙 찾기

❷ 빈 곳에 들어갈 모양은 몇 개인지 구하기

2 규칙에 따라 빈 곳에 들어갈 모양과 같은 모양을 찾아 ○표 하시오.

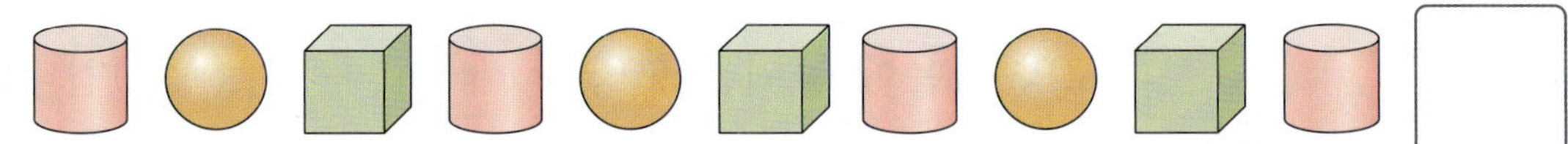

❶ 모양을 늘어놓은 규칙 찾기

❷ 빈 곳에 들어갈 모양과 같은 모양을 찾아 ○표 하기

3 규칙에 따라 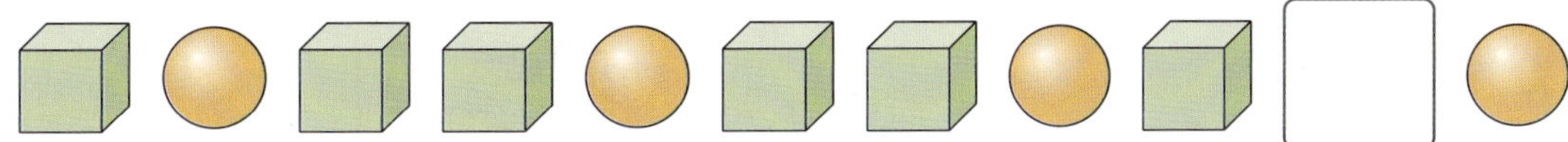 모양을 늘어놓은 것입니다. 빈 곳에 들어갈 모양을 그리시오.

❶ , 모양을 늘어놓은 규칙 찾기

❷ 빈 곳에 들어갈 모양 그리기

4 규칙에 따라 물건을 늘어놓은 것입니다. 빈 곳에 놓아야 할 물건과 같은 모양을 찾아 ◯표 하시오.

(▢ , ▢ , ◯)

❶ 물건을 늘어놓은 규칙 찾기

❷ 빈 곳에 놓아야 할 물건과 같은 모양을 찾아 ◯표 하기

규칙을 찾아 해결하기

5 우주는 일정한 규칙으로 모양을 만들고 있습니다. 빈 곳에 놓아야 할 모양을 만드는 데 필요한  모양과 ⬛ 모양은 각각 몇 개입니까?

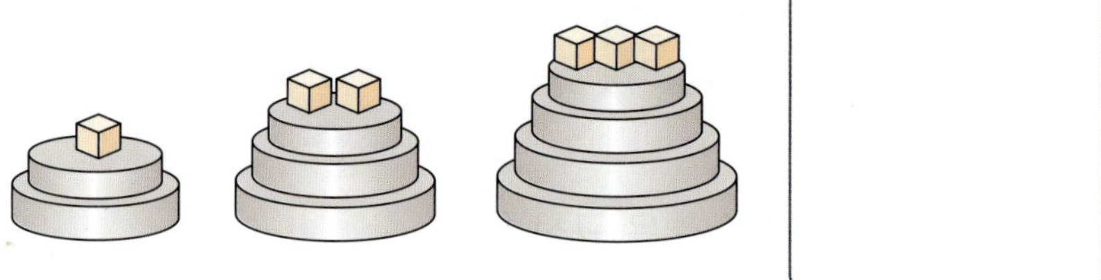

❶ 모양을 늘어놓은 규칙 찾기

❷ 빈 곳에 놓아야 할 모양을 만드는 데 필요한 ▮ 모양과 ⬛ 모양은 각각 몇 개인지 구하기

6 규칙에 따라 ⬛, ▮, ⬤ 모양을 늘어놓고 있습니다. 12번째에는 어떤 모양이 놓이는지 알맞은 모양에 ◯표 하시오.

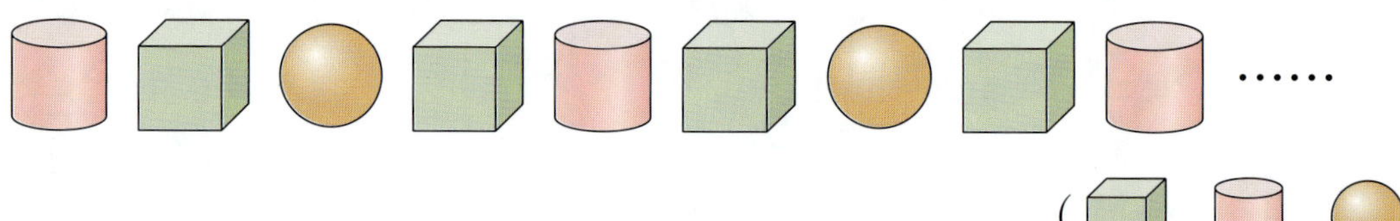

(⬛ , ▮ , ⬤)

❶ ⬛, ▮, ⬤ 모양을 늘어놓은 규칙 찾기

❷ 12번째에 놓이는 모양을 찾아 ◯표 하기

7 일정한 규칙에 따라 모양을 만들어 놓을 때 20번째의 위쪽에 놓아야 하는 모양과 같은 모양을 찾아 ◯표 하시오.

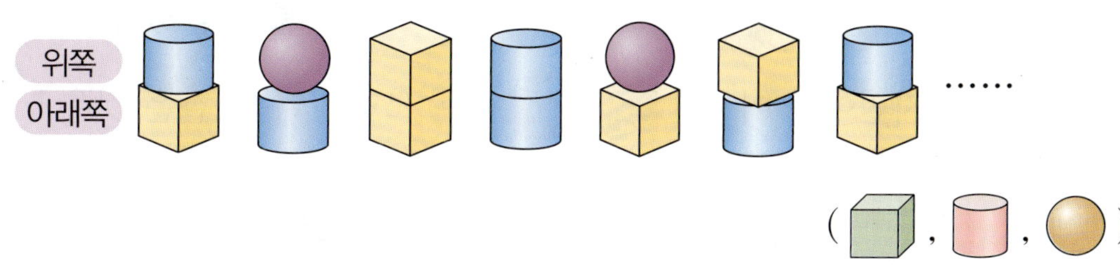

(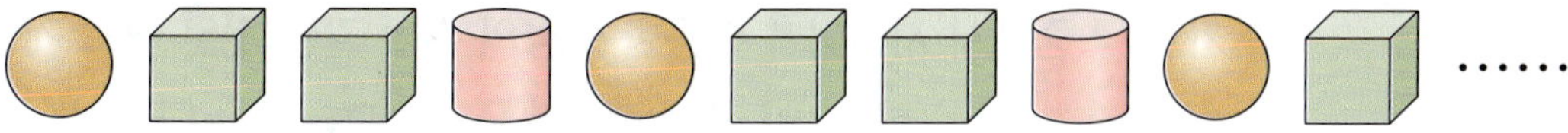)

8 보기와 같은 규칙으로 지우개, 저금통, 농구공 중 같은 모양의 물건을 늘어 놓으려고 합니다. ㉠, ㉡에 들어갈 물건의 이름을 쓰시오.

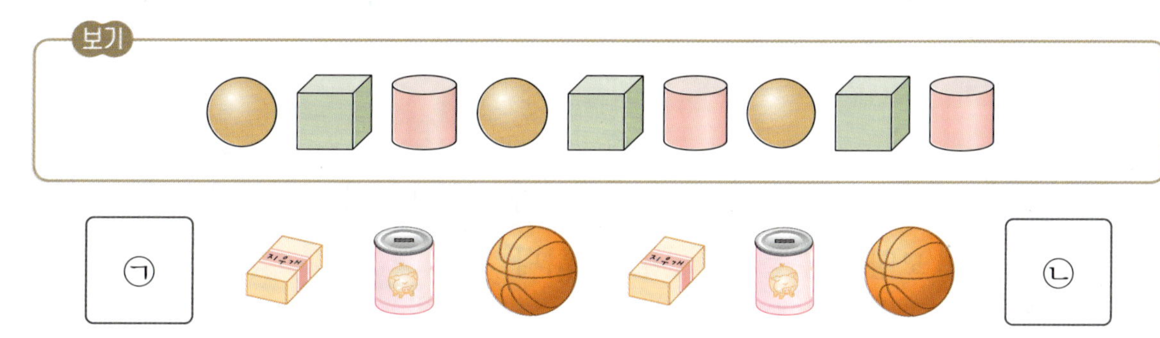

9 규칙에 따라 ▢, ▢, ● 모양을 늘어놓고 있습니다. 15번째까지 놓을 때 ▢ 모양은 모두 몇 개입니까?

조건을 따져 해결하기

1 지민이는  모양으로 케이크를 만들었습니다. 가와 나 중에서 지민이가 이용한 모양의 수와 같은 것은 어느 것입니까?

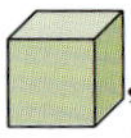

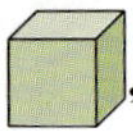

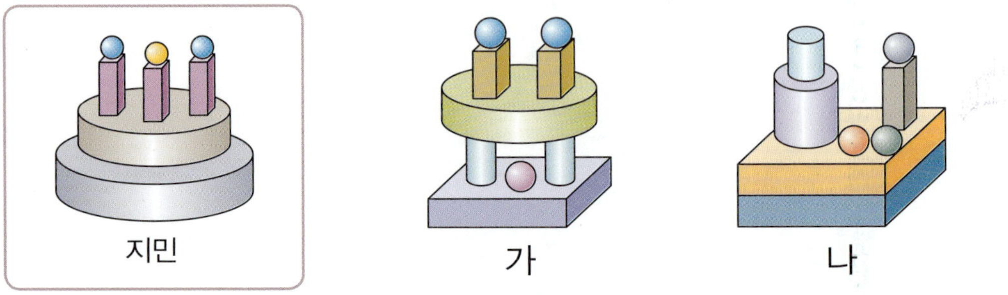

문제 분석 　구하려는 것에 밑줄을 긋고 주어진 조건을 정리해 보시오.
- 지민이가 만든 케이크
- 가와 나의 모양

해결 전략 　지민이가 만든 케이크와 가와 나를 만드는 데 이용한 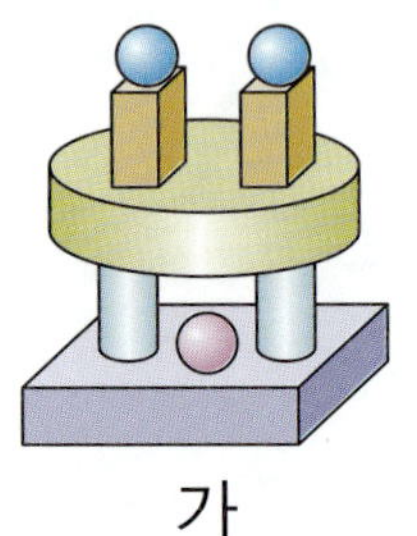 모양의 수를 세어 비교합니다.

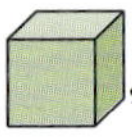

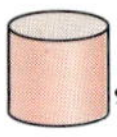

풀이

❶ 지민이가 이용한 모양은 각각 몇 개인지 구하기

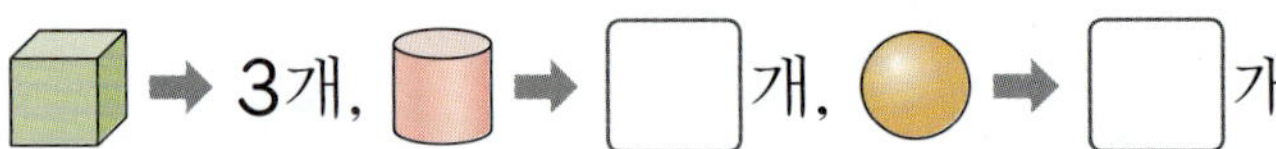 ➡ 3개, ⬜ 개, ⬜ 개

❷ 가와 나를 만드는 데 이용한 모양은 각각 몇 개인지 구하기

가: ➡ ⬜ 개, ➡ ⬜ 개, ➡ ⬜ 개

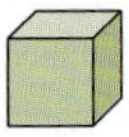

나: ➡ ⬜ 개, ➡ ⬜ 개, ➡ ⬜ 개

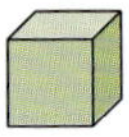

❸ 가와 나 중에서 지민이가 이용한 모양의 수와 같은 것은 어느 것인지 구하기
지민이가 이용한 모양의 수와 같은 것은 (가 , 나)입니다.

답 ⬜

2 연지와 준기는 철봉 매달리기 놀이를 하다가 주스를 한 컵 마시려고 합니다. 키가 더 큰 사람이 주스를 더 많이 마시기로 하였습니다. 준기는 어느 컵의 주스를 마셔야 합니까?

㉮ 　　㉯ 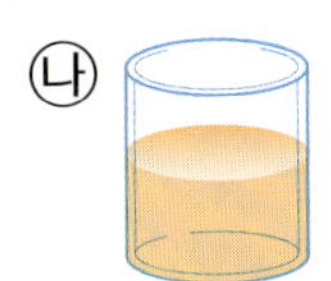

문제 분석

구하려는 것에 밑줄을 긋고 주어진 조건을 정리해 보시오.

주스를 더 많이 마실 사람: 키가 더 (큰 , 작은) 사람

해결 전략

• 연지와 준기의 키를 비교하여 누가 더 큰지 알아봅니다.
• ㉮와 ㉯ 두 컵에 담긴 주스의 양을 비교합니다.

풀이

❶ 연지와 준기의 키 비교하기
　머리끝이 맞추어져 있으므로 발끝이 아래로 더 많이 내려 온
　(연지 , 준기)의 키가 더 큽니다.

❷ ㉮와 ㉯ 두 컵 중에서 주스가 더 많이 담긴 컵은 어느 것인지 알아보기
　㉮와 ㉯ 두 컵에 담긴 주스의 높이는 (같습니다 , 다릅니다).
　㉮와 ㉯ 두 컵 중에서 컵의 크기는 (㉮ , ㉯) 컵이 더 큽니다.
　➡ ㉮와 ㉯ 두 컵 중에서 주스가 더 많이 담긴 컵은 (㉮ , ㉯) 컵
　　입니다.

❸ 준기가 마셔야 하는 컵의 주스는 어느 것인지 구하기
　키가 더 큰 사람이 주스를 더 많이 마시기로 하였습니다.
　➡ 준기는 (㉮ , ㉯) 컵의 주스를 마셔야 합니다.

답 ☐ 컵

조건을 따져 해결하기

1 준호의 물건입니다. 모양 중에서 가장 많은 모양을 찾아 ◯표 하시오.

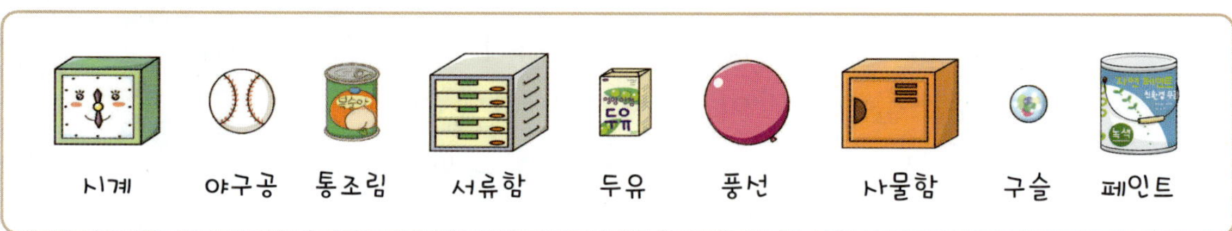

❶ 모양은 각각 몇 개인지 구하기

❷ 모양 중에서 가장 많은 모양을 찾아 ◯표 하기

2 작은 한 칸의 크기가 모두 같은 종이에 다음과 같이 색칠하였습니다. 가, 나, 다 중에서 색칠되지 않은 부분이 가장 넓은 것은 어느 것입니까?

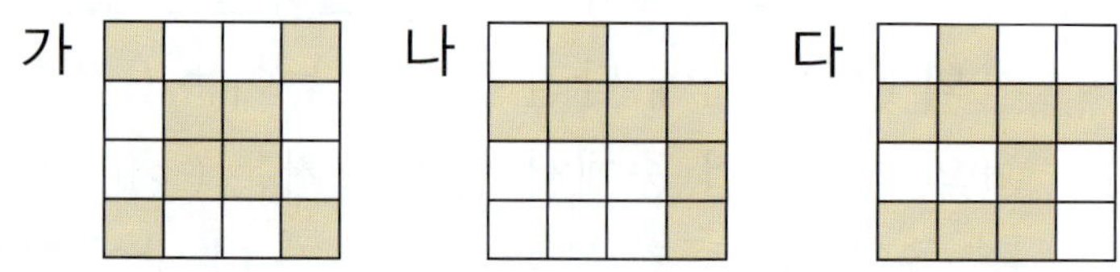

❶ 가, 나, 다의 색칠되지 않은 부분은 각각 몇 칸인지 구하기

❷ 가, 나, 다 중에서 색칠되지 않은 부분이 가장 넓은 것은 어느 것인지 구하기

바른답 • 알찬풀이 17쪽

3 굵기가 같은 나무막대에 다음과 같이 끈을 감았습니다. 감은 끈의 길이가 가장 짧은 것을 찾아 기호를 쓰시오.

가 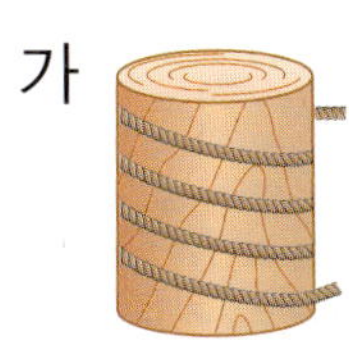　　나 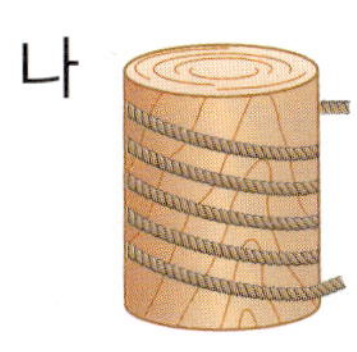　　다 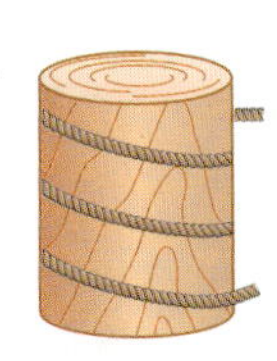

❶ 가, 나, 다에 끈을 각각 몇 번 감았는지 구하기

❷ 감은 끈의 길이가 가장 짧은 것을 찾아 기호 쓰기

4  모양을 만드는 데 상자 안의 모양은 몇 개를 이용했는지 구하시오.

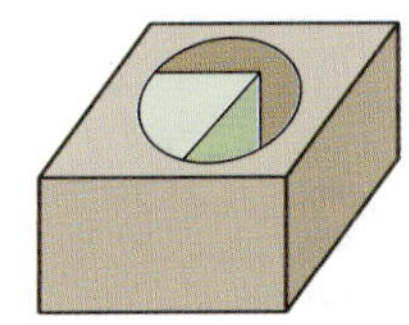

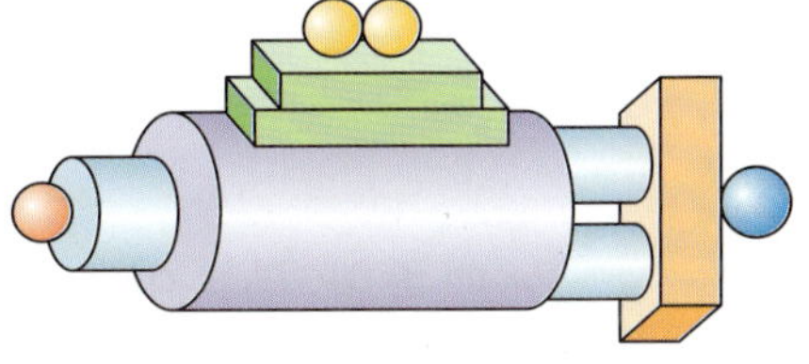

❶ 상자 안의 모양이 무엇인지 알아보기

> 뾰족한 부분이 (있고 , 없고) 평평한 부분이 (있습니다 , 없습니다).
> ➡ 상자 안의 모양은 (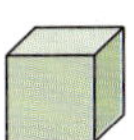 ,  , ) 모양입니다.

❷ 상자 안의 모양과 같은 모양은 몇 개를 이용했는지 구하기

조건을 따져 해결하기

5 강아지, 토끼, 고양이가 시소를 타고 있습니다. 무거운 동물부터 차례대로 쓰시오.

❶ 가장 무거운 동물은 무엇인지 쓰기

❷ 가장 가벼운 동물은 무엇인지 쓰기

❸ 무거운 동물부터 차례대로 쓰기

6 ▨, ▥, ● 모양 중에서 다음 설명에 알맞은 모양의 물건을 주변에서 2개만 찾아 쓰시오.

> • 뾰족한 부분이 없습니다.
> • 평평한 부분이 없습니다.
> • 잘 쌓을 수 없습니다.

❶ ▨, ▥, ● 모양 중에서 뾰족한 부분이 없는 것은 어떤 모양인지 구하기

❷ ❶에서 찾은 모양 중에서 평평한 부분이 없고, 잘 쌓을 수 없는 것은 어떤 모양인지 구하기

❸ 설명에 알맞은 모양의 물건을 주변에서 2개만 찾아 쓰기

7 민호, 서윤, 태준이가 똑같은 컵에 물을 가득 따라 마시고 다음과 같이 남겼습니다. 물을 가장 많이 마신 친구는 누구입니까?

8 ■, ▲, ● 중에서 가장 무거운 것은 어느 것입니까? (단, 같은 모양의 무게는 같습니다.)

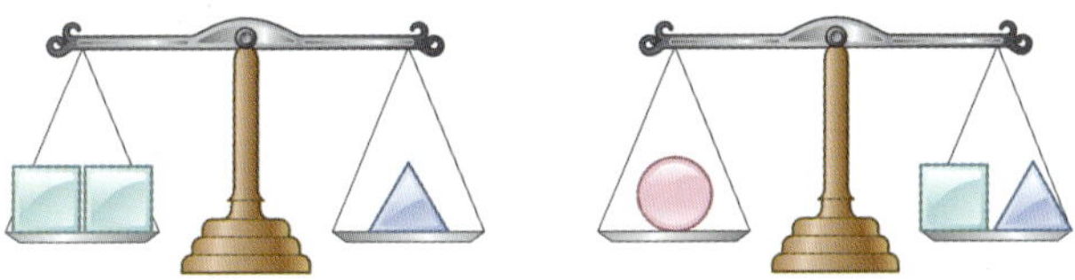

9 성태는 다음과 같은 모양을 만들려고 합니다. 모양을 만드는 데 평평한 부분이 2개인 모양은 평평한 부분이 6개인 모양보다 몇 개 더 필요합니까?

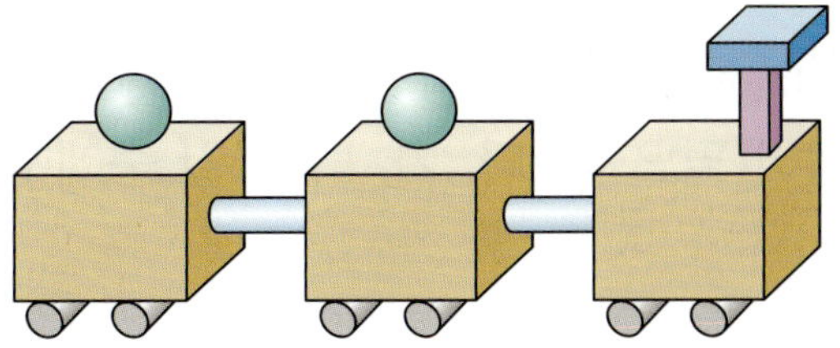

규칙을 찾아 해결하기

1 규칙에 따라 ㉠에 들어갈 모양을 찾아 ◯표 하시오.

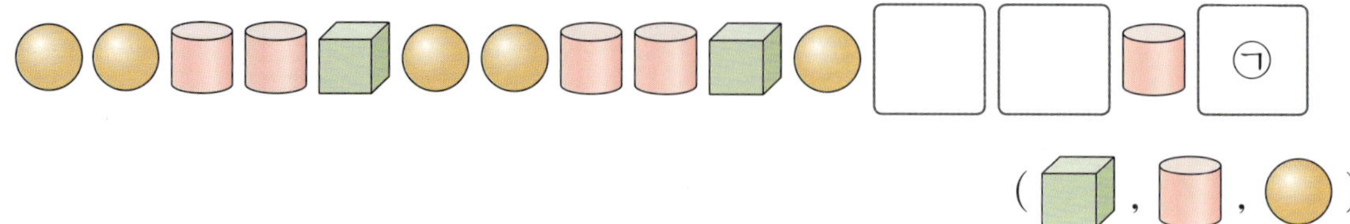

()

조건을 따져 해결하기

2 키가 작은 사람부터 차례대로 이름을 쓰시오.

그림을 그려 해결하기

3 같은 크기의 바닥을 빈틈없이 겹치지 않게 덮으려면 가 타일은 6장이 필요하고, 나 타일은 8장이 필요합니다. 가, 나 타일 중에서 어느 타일의 넓이가 더 넓은지 구하시오.

바른답 • 알찬풀이 18쪽

4 광현이네 집에서 우체국까지 가려고 합니다. 보라색 길과 파란색 길 중에서 어느 길로 가는 것이 더 가까운지 구하시오. (단, 작은 한 칸의 크기는 모두 같습니다.)

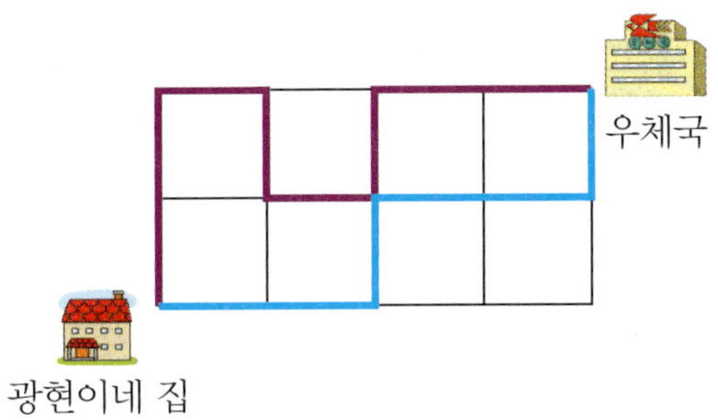

5 형우와 상미가 만든 모양입니다. 상미는 형우보다 ▨, ▨, ● 모양 중에서 어떤 모양을 더 많이 이용하였는지 ◯표 하시오.

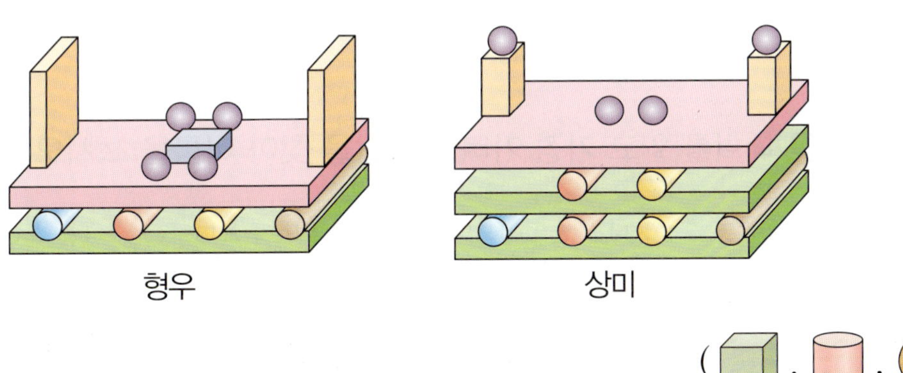

(▨ , ▨ , ●)

6 규칙에 따라 다섯 번째 모양을 쌓을 때 필요한 모양은 몇 개입니까?

첫 번째　　　　두 번째　　　　세 번째

7 선생님께서 물이 가득 들어 있는 서로 다른 크기의 물통 ㉮와 ㉯를 주셨습니다. 두 물통의 물을 모양과 크기가 같은 여러 개의 컵에 각각 옮겨 담았더니 ㉮ 물통은 6컵, ㉯ 물통은 4컵이 되었습니다. ㉮와 ㉯ 물통 중에서 들어 있던 물의 양이 더 많은 물통은 어느 것인지 구하시오.

8 다음 대화를 읽고 가장 가벼운 사람을 찾아 이름을 쓰시오.

9 모양을 만드는 데 다음에서 설명하는 모양은 모두 몇 개 이용했는지 구하시오.

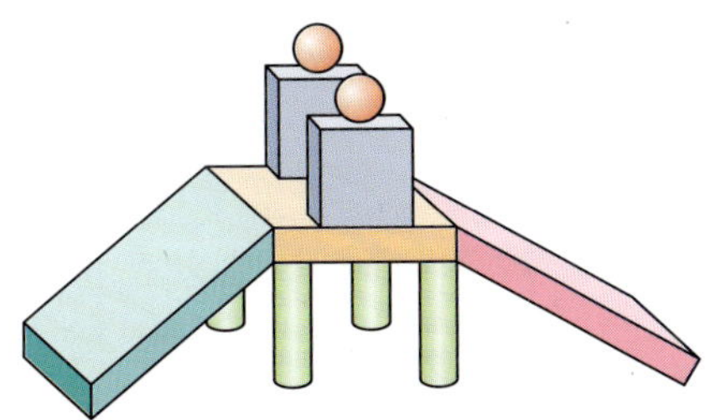

• 평평한 부분이 있습니다.
• 굴리면 잘 굴러갑니다.

10 희주네 아파트 1동, 2동, 3동, 4동 중에서 가장 낮은 동은 몇 동입니까?

• 아파트 2동은 4동보다 더 낮습니다.
• 아파트 1동은 가장 높습니다.
• 아파트 2동은 3동보다 더 높습니다.

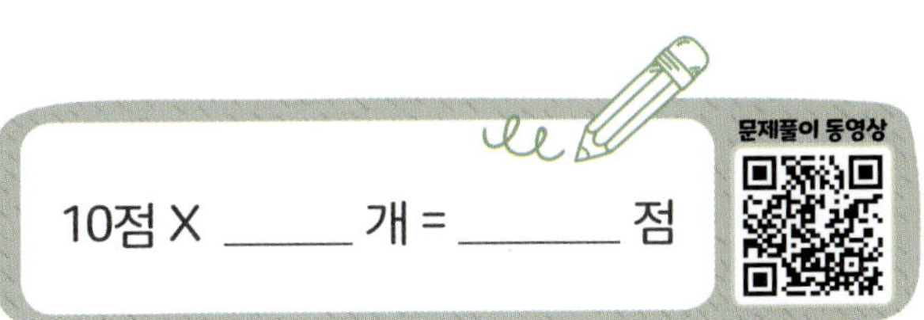

1 다음은 민서와 성규가 상자 안을 들여다보고 그린 그림입니다. 상자 안에 들어 있는 모양과 같은 물건을 찾아 기호를 쓰시오.

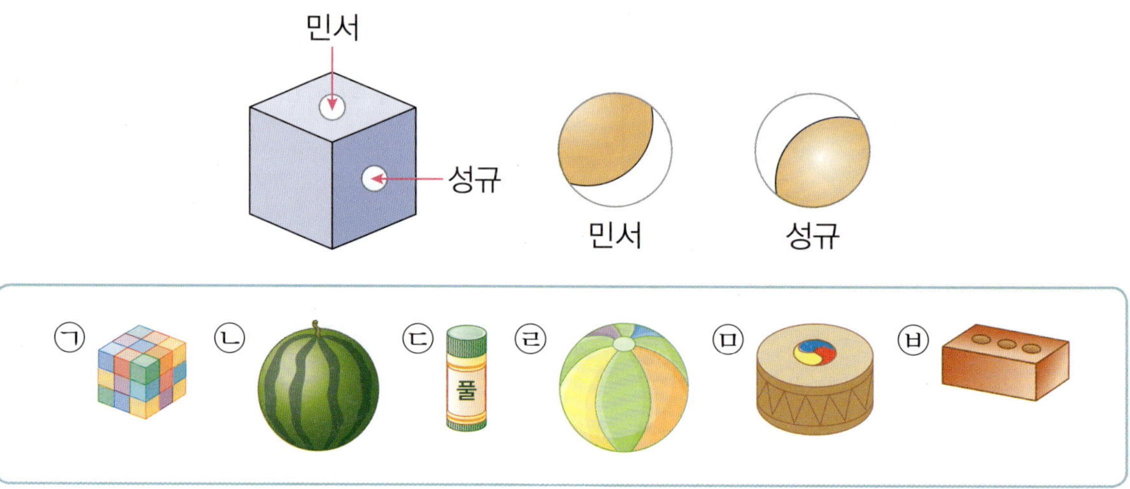

2 보기의 모양 조각을 이용해 가와 나의 넓이를 비교하려고 합니다. 가와 나 중에서 넓이가 더 넓은 모양을 찾아 기호를 쓰시오.

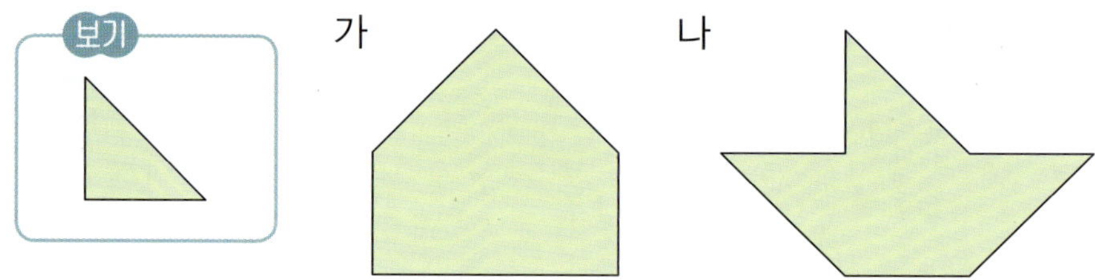

3 규칙에 따라 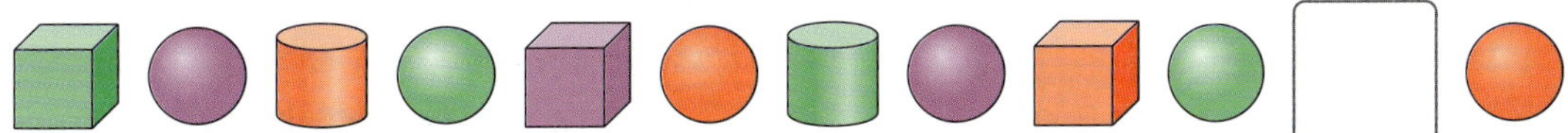 모양을 늘어놓은 것입니다. 빈 곳에 들어갈 모양을 그리고 색칠해 보시오.

4 민주네 가족은 밭에 배추, 감자, 무를 심었습니다. 다음은 세 채소를 심은 밭을 나타낸 것입니다. 넓이가 넓은 밭부터 차례대로 쓰시오. (단, 작은 한 칸의 크기는 모두 같습니다.)

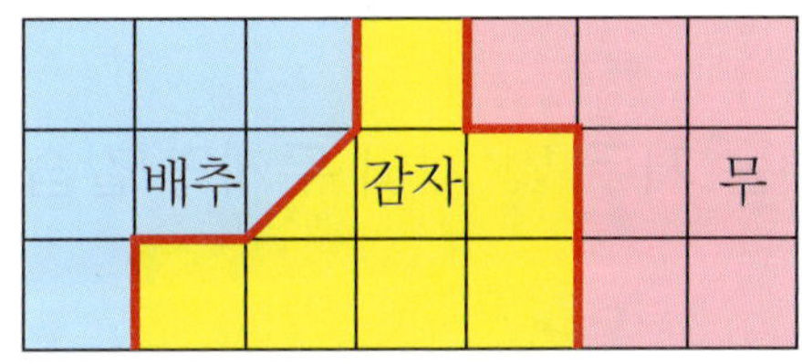

5 주어진 모양을 모두 이용하여 만든 것을 찾아 기호를 쓰시오.

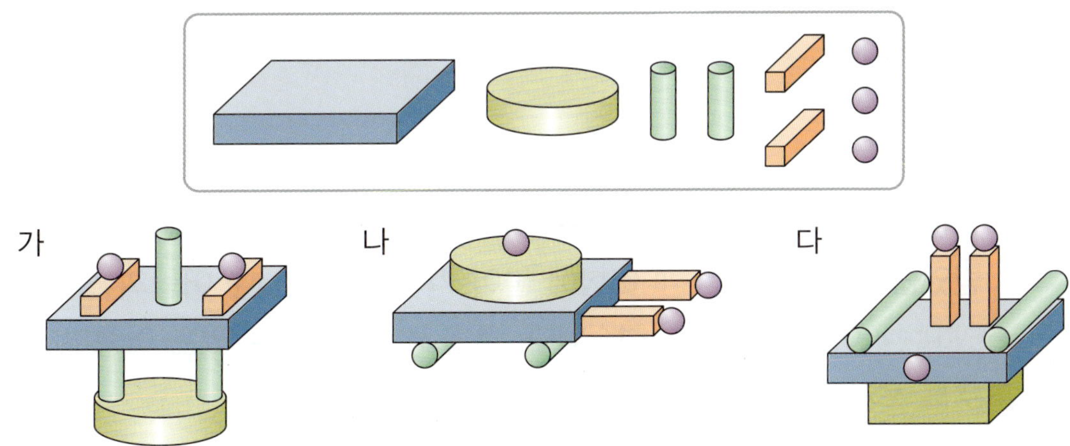

6 혜림이는 길 건너편에 있는 수미의 사진을 찍고, 찍은 상황을 다음과 같이 설명하였습니다. 수미, 신호등, 나무, 트럭의 높이를 높은 것부터 차례대로 쓰시오. (단, 높이가 같은 경우는 생각하지 않습니다.)

> 수미가 신호등 앞에 서 있습니다. 수미 머리 위로 신호등의 빨간 불이 켜져 있습니다. 신호등보다 더 높은 나무가 옆에 있었는데 나무가 예뻐서 수미와 나무를 함께 찍기로 하였습니다. 사진을 찍는 순간, 앗! 트럭이 지나가다 나무 옆에 멈춰 서서 수미와 신호등이 보이지 않고 나무만 보였습니다. 그래서 트럭이 지나간 후 사진을 한 장 더 찍었습니다.

7 참외 1개의 무게는 자두 몇 개의 무게와 같습니까? (단, 같은 종류의 과일은 무게가 같습니다.)

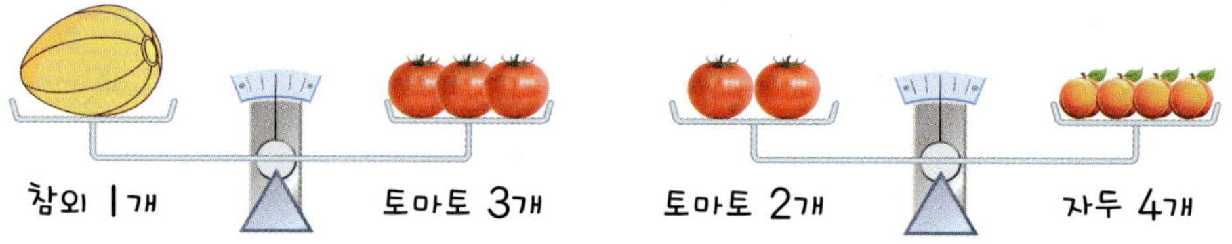

8 같은 양의 물이 나오는 수도꼭지로 높이가 같은 ㉮, ㉯, ㉰ 어항에 동시에 물을 받았습니다. 얼마 후 ㉮ 어항에 물이 가득 찼을 때 ㉯ 어항의 물은 가득 차지 않았고 ㉰ 어항의 물은 넘쳤습니다. 물을 많이 담을 수 있는 어항부터 차례대로 기호를 쓰시오.

9 지혜는 가지고 있는 모양으로 다음 모양을 만들려고 했더니 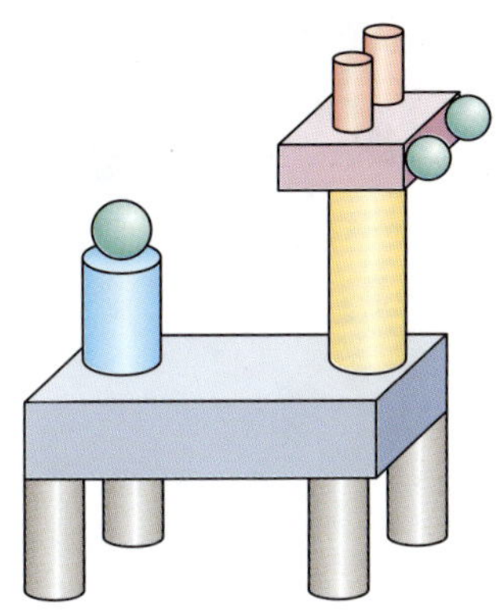 모양이 1개 남고 ⬤ 모양이 1개 부족하다고 합니다. 지혜가 가지고 있는 ⬛, ⬛, ⬤ 모양은 각각 몇 개입니까?

10 가와 나 그릇 중에서 구슬을 모두 꺼냈을 때 물이 더 적게 들어 있는 그릇을 찾아 기호를 쓰시오.

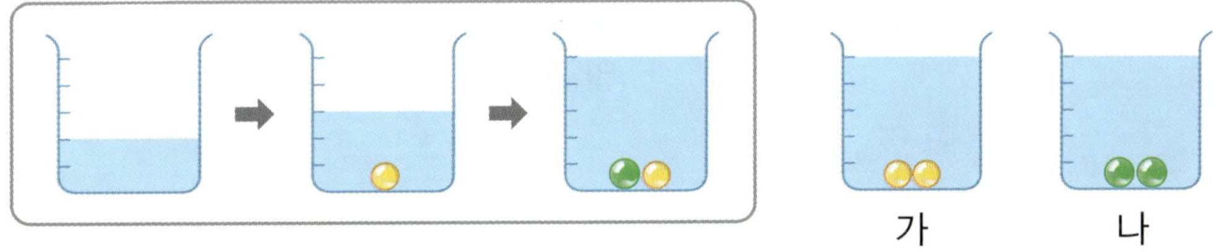

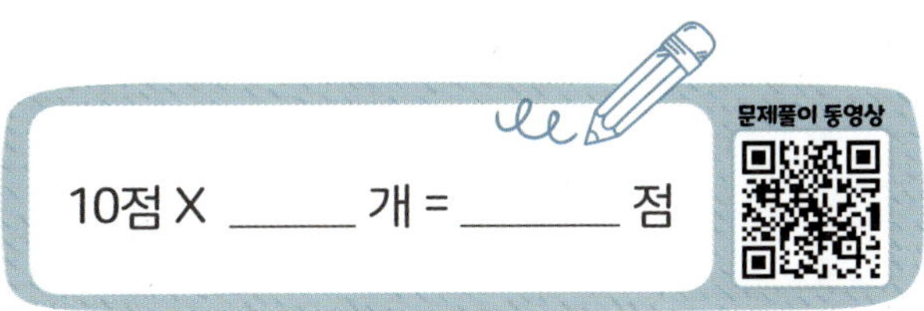

3장 변화와 관계 · 자료와 가능성

" 학습 계획 세우기 "

익히기

적용하기

표를 만들어
해결하기
82~83쪽
월 일
84~85쪽
월 일
86~87쪽
월 일

규칙을 찾아
해결하기
88~89쪽
월 일
90~91쪽
월 일
92~93쪽
월 일

조건을 따져
해결하기
94~95쪽
월 일
96~97쪽
월 일
98~99쪽
월 일

마무리 1회
100~103쪽
월 일

마무리 2회
104~107쪽
월 일

1 여러 가지 물건의 모양에 따라 분류하고 그 수를 세어 보시오.

모양			
기호			
물건의 수(개)			

2 반복되는 모양을 찾아 ◯표 하시오.

(   )   (   )

3 규칙을 찾아 □ 안에 알맞은 모양을 그리시오.

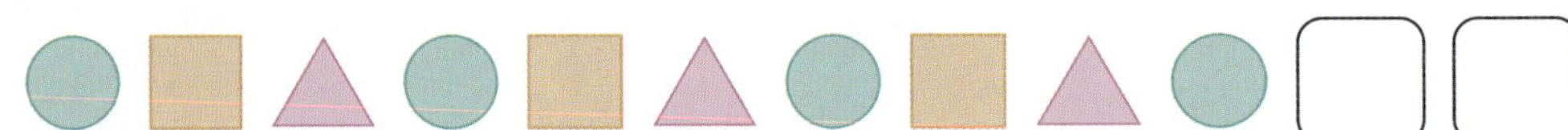

4 성재와 지희가 2개의 주사위를 한 번씩 던졌습니다. 성재와 지희가 던진 두 주사위의 눈의 수의 합이 같을 때 빈 곳에 주사위의 눈을 그리시오.

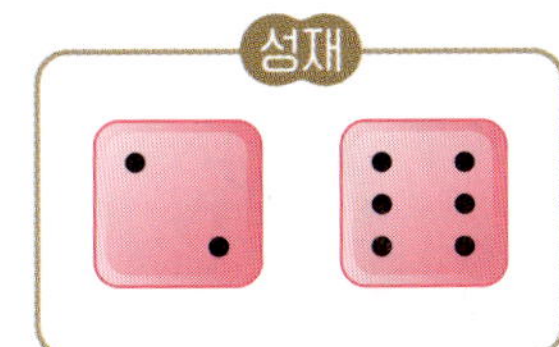

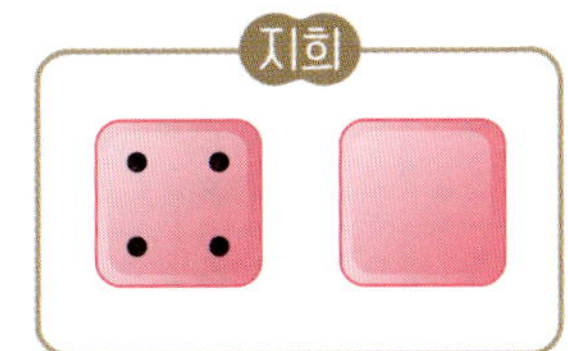

5 6장의 수 카드 중에서 두 수의 합이 7이 되도록 수 카드를 2장씩 묶어 보시오.

6 곶감 15개를 친구와 나누어 가지려고 합니다. 내가 친구보다 곶감을 더 많이 가지도록 곶감을 ◯로 나타내어 보시오.

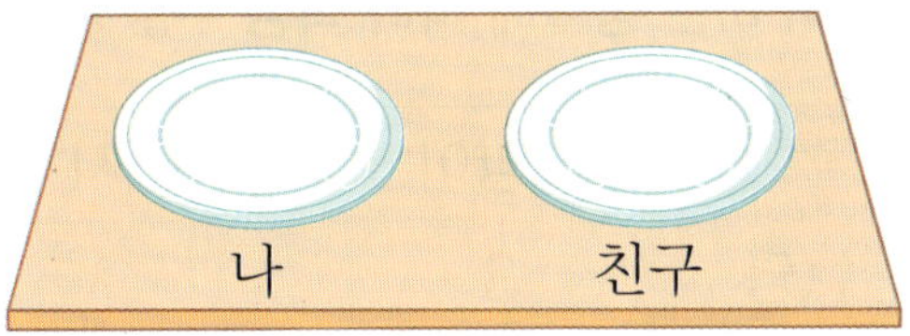

7 희주가 책을 읽는데 32쪽 다음에 몇 장이 찢어져서 바로 43쪽으로 넘어갔습니다. 책은 몇 장이 찢어졌습니까?

( )

표를 만들어 해결하기

1 지후네 모둠 학생들이 기르고 싶어 하는 동물을 조사한 것입니다. 가장 많은 학생들이 기르고 싶어 하는 동물은 무엇입니까?

고양이	강아지	토끼	강아지	다람쥐	고양이
강아지	다람쥐	강아지	고양이	토끼	강아지

문제 분석　　**구하려는 것**에 밑줄을 긋고 **주어진 조건**을 정리해 보시오.

기르고 싶어 하는 동물의 종류: 고양이, 강아지, [　　], 다람쥐

해결 전략

• 기르고 싶어 하는 동물에 따라 학생 수를 세어 표로 나타내 봅니다.
• 빠뜨리거나 중복하여 세지 않도록 합니다.

풀이

❶ 기르고 싶어 하는 동물에 따라 학생 수를 세어 표로 나타내기

동물	고양이	강아지	토끼	다람쥐
학생 수(명)	3			

❷ 가장 많은 학생들이 기르고 싶어 하는 동물 구하기

학생 수 3, [　], [　], [　] 중에서 가장 큰 수는 [　]입니다.

➡ 가장 많은 학생들이 기르고 싶어 하는 동물은
(고양이 , 강아지 , 토끼 , 다람쥐)입니다.

답　[　　　　]

2 지현이와 동생은 풍선 10개를 나누어 가지려고 합니다. 지현이가 풍선을 더 적게 가지게 되는 경우는 모두 몇 가지입니까? (단, 지현이와 동생은 풍선을 적어도 한 개씩은 가집니다.)

문제 분석

구하려는 것에 밑줄을 긋고 **주어진 조건**을 정리해 보시오.

- 지현이와 동생은 풍선 　　개를 나누어 가집니다.
- 풍선은 지현이가 동생보다 더 (많이 , 적게) 가집니다.
- 지현이와 동생은 풍선을 적어도 (1 , 2)개씩은 가집니다.

해결 전략

표를 만들어 　　을 두 수로 가를 수 있는 모든 경우를 알아봅니다.

풀이

❶ 10을 두 수로 가르는 경우를 표로 나타내기

10	1	2	3			
	9	8				

❷ 지현이가 더 적게 가지게 되는 경우는 모두 몇 가지인지 구하기

지현이가 동생보다 풍선을 더 적게 가지는 경우는 다음과 같습니다.

- 지현: 1개, 동생: 9개
- 지현: 2개, 동생: 　개
- 지현: 　개, 동생: 　개
- 지현: 　개, 동생: 　개

➡ 지현이가 더 적게 가지게 되는 경우는 모두 　가지입니다.

답 　가지

표 를 만들어 해결하기

1 찬웅이네 모둠 학생들이 좋아하는 꽃을 조사한 것입니다. 가장 적은 학생들이 좋아하는 꽃은 무엇입니까?

❶ 좋아하는 꽃에 따라 학생 수를 세어 표로 나타내기

꽃	장미	해바라기	튤립	백합
학생 수(명)				

❷ 가장 적은 학생들이 좋아하는 꽃 구하기

2 현수와 지호는 마카롱 7개를 나누어 먹으려고 합니다. 현수가 마카롱을 더 많이 먹게 되는 경우는 모두 몇 가지입니까? (단, 현수와 지호는 마카롱을 적어도 한 개씩은 먹습니다.)

❶ 7을 두 수로 가르는 경우를 표로 나타내기

7	1	2	3	4	5	6
	6	5				

❷ 현수가 더 많이 먹게 되는 경우는 모두 몇 가지인지 구하기

바른답·알찬풀이 22쪽

3 혜인이네 모둠 학생들이 좋아하는 간식을 조사한 것입니다. 인기가 가장 많은 간식과 인기가 가장 적은 간식의 학생 수의 차는 몇 명입니까?

❶ 혜인이네 모둠 학생들이 좋아하는 간식의 종류는 모두 몇 가지인지 구하기

❷ 좋아하는 간식에 따라 학생 수를 세어 표로 나타내기

간식	김밥	피자		
학생 수(명)				

❸ 인기가 가장 많은 간식 구하기

❹ 인기가 가장 적은 간식 구하기

❺ 인기가 가장 많은 간식과 인기가 가장 적은 간식의 학생 수의 차 구하기

표를 만들어 해결하기

4 재영이는 다음과 같은 티셔츠와 바지를 가지고 있습니다. 티셔츠 1벌과 바지 1벌을 입을 수 있는 방법은 모두 몇 가지입니까?

❶ 티셔츠와 바지를 입을 수 있는 방법을 표로 나타내기

티셔츠	노란색	노란색		
바지				

❷ 티셔츠 1벌과 바지 1벌을 입을 수 있는 방법은 모두 몇 가지인지 구하기

5 서연이와 진우가 가위바위보를 8번 하였습니다. 서연이가 진우보다 2번 더 이겼다면 진우는 몇 번 이겼습니까? (단, 비기는 경우는 없었습니다.)

❶ 서연이와 진우가 한 가위바위보 결과를 표로 나타내기

서연이가 이긴 횟수(번)	8	7	6	5	4
진우가 이긴 횟수(번)					
이긴 횟수의 차(번)					

❷ 서연이가 2번 더 이겼을 때 진우는 몇 번 이겼는지 구하기

6 주사위를 10번 굴려서 나온 결과를 나타낸 것입니다. 가장 많이 나온 주사위의 눈에 ◯표 하시오.

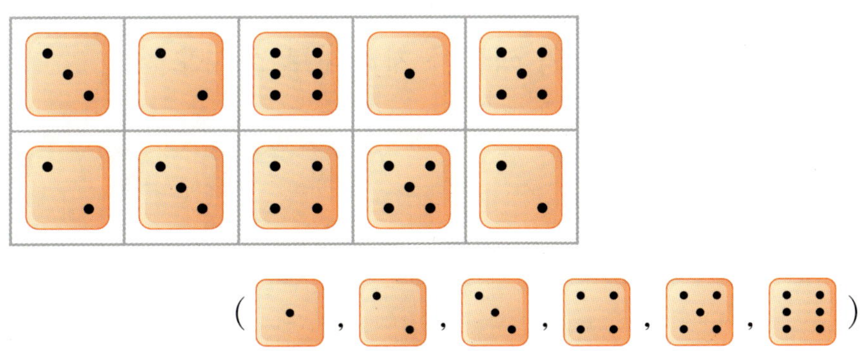

7 칠판에 붙어 있는 자석입니다. 한글, 한자, 숫자 중에서 가장 많은 자석은 어느 것입니까?

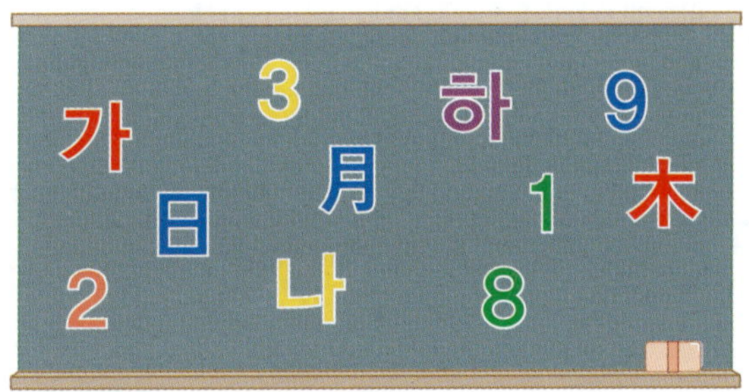

8 주원이는 동화책 16권을 두 칸의 책꽂이에 똑같이 나누어 꽂으려고 합니다. 주원이는 책꽂이 한 칸에 몇 권을 꽂아야 합니까? (단, 책꽂이 한 칸에 책을 적어도 1권은 꽂습니다.)

규칙을 찾아 해결하기

1 보라색 구슬과 노란색 구슬을 규칙에 따라 실에 꿰고 있습니다. ○에 알맞은 구슬의 색깔을 차례대로 쓰시오.

문제 분석 구하려는 것에 밑줄을 긋고 주어진 조건을 정리해 보시오.

규칙에 따라 실에 꿰인 [　　　] 구슬과 [　　　] 구슬

해결 전략 구슬의 색깔과 개수가 변하는 규칙을 찾아봅니다.

풀이 ❶ 실에 꿰인 구슬의 규칙 찾기

실에 꿰인 구슬을 알아봅니다.

보라색　노란색

1개　2개　[　]개　[　]개

➡ 구슬의 색깔은 [　　　], [　　　]이 반복되는 규칙입니다.

구슬의 색깔이 바뀔 때마다 구슬이 [　]개씩 늘어나는 규칙입니다.

❷ ○에 알맞은 구슬의 색깔 쓰기

○에 알맞은 구슬의 색깔을 차례대로 쓰면 [　　　], [　　　]

입니다.

답 [　　　], [　　　]

2 수 배열표에서 규칙을 찾아 ♣와 ♠에 알맞은 수를 각각 구하시오.

2	4	6		
12	14		♣	
		26		
				♠

문제 분석 **구하려는 것**에 밑줄을 긋고 **주어진 조건**을 정리해 보시오.

수 배열표에서 규칙적으로 늘어놓은 수

해결 전략 오른쪽으로 한 칸 갈 때마다, 아래쪽으로 한 칸 갈 때마다 어떤 규칙이 있는지 찾아봅니다.

풀이 ❶ **수 배열표에서 규칙 찾기**

- 오른쪽 방향: 2 − 4 − 6 − ……, 12 − 14 − ……

  ➡ 오른쪽으로 한 칸 갈 때마다 ☐ 씩 커집니다.

- 아래쪽 방향: 2 − 12 − ……, 4 − 14 − ……

  ➡ 아래쪽으로 한 칸 갈 때마다 ☐ 씩 커집니다.

❷ **♣와 ♠에 알맞은 수 각각 구하기**

규칙에 따라 수 배열표의 빈칸에 수를 써 보면 다음과 같습니다.

2 커짐 2 커짐 2 커짐 2 커짐

2	4	6		
12	14			
		26		

10 커짐
10 커짐
10 커짐

➡ ♣에 알맞은 수는 ☐, ♠에 알맞은 수는 ☐ 입니다.

답 ♣: ☐ , ♠: ☐

규칙을 찾아 해결하기

1 규칙에 따라 빈 곳에 알맞게 색칠하여 무늬를 만들어 보시오.

❶ 무늬에 색칠된 규칙 찾기

❷ 빈 곳에 알맞게 색칠하기

2 규칙에 따라 아이스크림을 늘어놓은 것입니다. 빈 곳에 들어갈 아이스크림을 찾아 ◯표 하시오.

❶ 늘어놓은 아이스크림의 규칙 찾기

❷ 빈 곳에 들어갈 아이스크림을 찾아 ◯표 하기

3 규칙에 따라 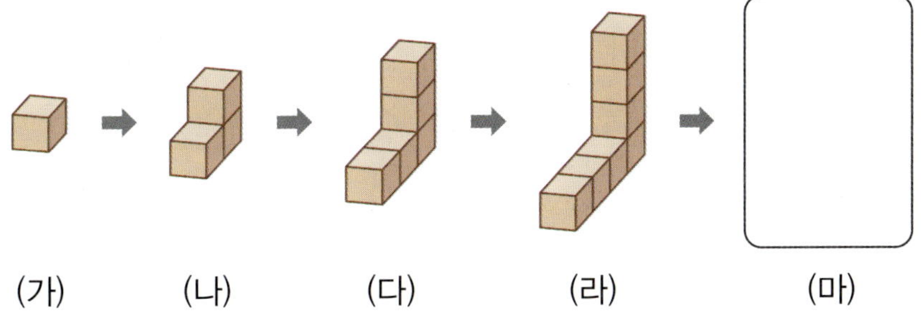 모양을 쌓은 것입니다. (마)에 쌓을 모양은 몇 개입니까?

(가) (나) (다) (라) (마)

❶ 모양을 쌓은 규칙 찾기

❷ (마)에 쌓을 모양은 몇 개인지 구하기

4 규칙에 따라 상자를 늘어놓은 것입니다. ⭐＋💗의 값을 구하시오.

❶ 늘어놓은 상자의 규칙 찾기

❷ ⭐과 💗에 알맞은 수 각각 구하기

❸ ⭐＋💗의 값 구하기

규칙을 찾아 해결하기

5 규칙에 따라 수를 써넣고 있습니다. 빈칸에 알맞은 수를 써넣으시오.

1	4	7	0		2	6
7	4		8	5		

❶ 수의 규칙 찾기

❷ 빈칸에 알맞은 수 써넣기

6 그림과 같이 일정하게 놓인 달걀 위에 종이가 덮여 있습니다. 보이지 않는 부분까지 달걀이 모두 채워져 있다면 달걀판에 있는 달걀은 모두 몇 개입니까?

❶ 달걀판에 있는 달걀의 규칙 찾기

❷ 달걀판에 있는 달걀은 모두 몇 개인지 구하기

바른답 · 알찬풀이 24쪽

7 규칙을 찾아 빈 곳에 알맞은 수를 써넣으시오.

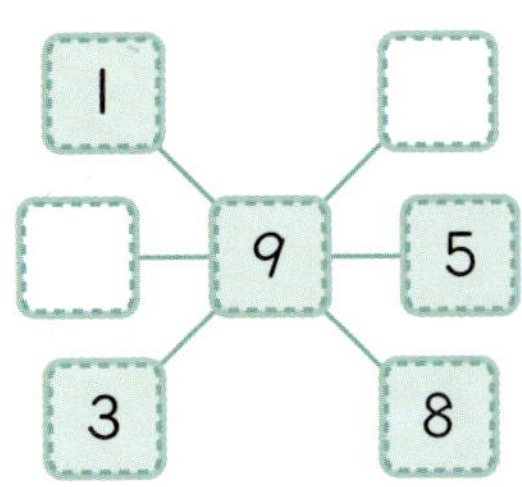

8 재윤이는 규칙을 정하여 수를 쓰고 있습니다. 빈 곳에 알맞은 수를 써넣으시오.

9 규칙에 따라 우산을 늘어놓고 있습니다. 15번째에 놓이는 우산에 ◯표 하시오.

조건을 따져 해결하기

1 수 카드 2 , 4 , 3 중에서 2장을 골라 몇십몇을 만들려고 합니다. 만들 수 있는 몇십몇은 모두 몇 개입니까?

문제 분석

구하려는 것에 밑줄을 긋고 주어진 조건을 정리해 보시오.

• 사용할 수 있는 수 카드: 2 , 4 , 3

• ☐ 장을 골라 몇십몇 만들기

해결 전략

수 카드 2장을 골라 한 장은 10개씩 묶음의 수로, 다른 한 장은 낱개의 수로 하여 몇십몇을 만들어 봅니다.

풀이

❶ 만들 수 있는 몇십몇 모두 구하기

수 카드 2 , 4 로 만들 수 있는 몇십몇: 24, ☐

수 카드 2 , 3 으로 만들 수 있는 몇십몇: 23, ☐

수 카드 3 , 4 로 만들 수 있는 몇십몇: ☐ , ☐

➡ 수 카드 2 , 4 , 3 중에서 2장을 골라 만들 수 있는 몇십몇은 24, ☐ , 23, ☐ , ☐ , ☐ 입니다.

❷ 만들 수 있는 몇십몇은 모두 몇 개인지 구하기

❶에서 만든 몇십몇을 세어 보면 만들 수 있는 몇십몇은 모두 ☐ 개입니다.

답 ☐ 개

바른답 · 알찬풀이 25쪽

2 과일 카드는 각각 보기 의 수 중에서 하나를 나타냅니다. 이 나타내는 수를 구하시오. (단, 같은 과일은 같은 숫자를 나타냅니다.)

보기

| 23 | 11 | 31 |

문제 분석

구하려는 것에 밑줄을 긋고 주어진 조건을 정리해 보시오.

- 과일 카드는 각각 보기 의 수 중에서 하나를 나타냅니다.
- 같은 과일은 (같은 , 다른) 숫자를 나타냅니다.

해결 전략

조건을 따져 🍇, 🍎, 🍍이 나타내는 수를 순서대로 구합니다.

풀이

❶ 🍇, 🍎, 🍍이 나타내는 수 각각 구하기

🍍🍍은 10개씩 묶음의 수와 낱개의 수가 같으므로 [ ]입니다.

➡ 🍍 = [ ]

🍎🍍에서 🍍에 [ ]을 넣으면 🍎[ ] = 31입니다. ➡ 🍎 = [ ]

🍇🍎에서 🍎에 [ ]을 넣으면 🍇[ ] = 23입니다. ➡ 🍇 = [ ]

❷ 🍇🍍이 나타내는 수 구하기

🍇 = [ ], 🍍 = [ ]이므로 🍇🍍이 나타내는 수는 [ ]입니다.

답 [ ]

조건을 따져 해결하기

1 주사위를 던져 나올 수 있는 눈의 수 중에서 가장 큰 수와 가장 작은 수의 합을 구하시오.

❶ 주사위를 던져 나올 수 있는 눈의 수 중에서 가장 큰 수와 가장 작은 수 각각 구하기

❷ 나올 수 있는 눈의 수 중에서 가장 큰 수와 가장 작은 수의 합 구하기

2 오른쪽 그림은 종현이가 과녁 맞히기를 한 것입니다. 종현이의 점수는 몇 점입니까?

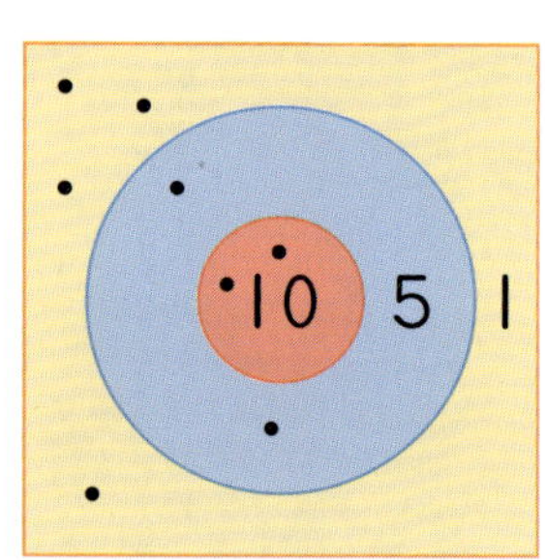

❶ 10개씩 묶음과 낱개가 몇 개인지 구하기

❷ 종현이의 점수는 몇 점인지 구하기

3 지우가 가지고 있는 수 카드로 몇십몇을 만들려고 합니다. 만들 수 있는 몇십몇 중에서 30보다 작은 수는 모두 몇 개입니까?

❶ 지우가 만들 수 있는 몇십몇 모두 구하기

❷ ❶에서 만든 몇십몇 중에서 30보다 작은 수는 모두 몇 개인지 구하기

4 1부터 50까지의 수를 순서대로 쓰면 숫자 2는 모두 몇 번을 쓰게 됩니까?

❶ 10개씩 묶음의 수에 2를 쓰는 수 모두 구하기

❷ 낱개의 수에 2를 쓰는 수 모두 구하기

❸ 1부터 50까지의 수를 순서대로 쓸 때 숫자 2는 모두 몇 번 쓰는지 구하기

조건을 따져 해결하기

5 상진이는 그림과 같은 상자에서 공 **2**개를 동시에 꺼냈을 때 나오는 수들의 합을 구했습니다. 나올 수 있는 합 중에서 가장 큰 수와 가장 작은 수의 차를 구하시오.

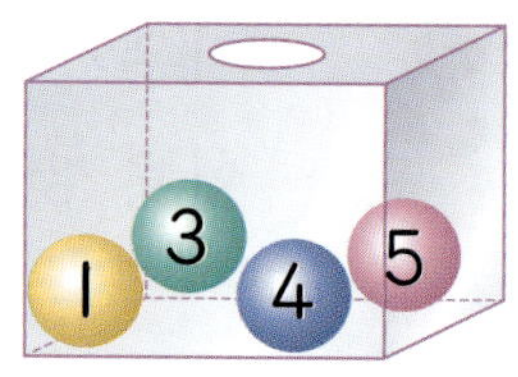

❶ 나올 수 있는 합 중에서 가장 큰 수 구하기

❷ 나올 수 있는 합 중에서 가장 작은 수 구하기

❸ 나올 수 있는 합 중에서 가장 큰 수와 가장 작은 수의 차 구하기

6 모양 카드는 각각 보기 의 수 중에서 하나를 나타냅니다. 🌙☁️ 이 나타내는 수를 구하시오. (단, 같은 모양은 같은 숫자를 나타냅니다.)

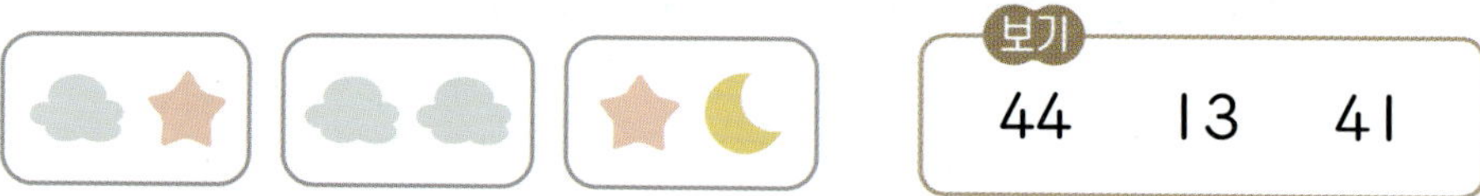

보기

| 44 | 13 | 41 |

❶ ☁️ , ⭐ , 🌙 이 나타내는 수 각각 구하기

❷ 🌙☁️ 이 나타내는 수 구하기

바른답 • 알찬풀이 26쪽

7 노란색 주머니에서 수 카드 한 장을 뽑아 10개씩 묶음의 수로 하고, 파란색 주머니에서 수 카드 한 장을 뽑아 낱개의 수로 하여 몇십몇을 만들려고 합니다. 만들 수 있는 몇십몇 중에서 가장 작은 수를 구하시오.

8 지현이와 재현이가 주사위를 던져 나온 눈의 수에 따라 점수를 얻는 놀이를 하였습니다. 두 사람이 각각 주사위를 3번씩 던졌을 때, □ 안에 알맞은 수를 써넣고 점수가 더 높은 사람은 누구인지 구하시오.

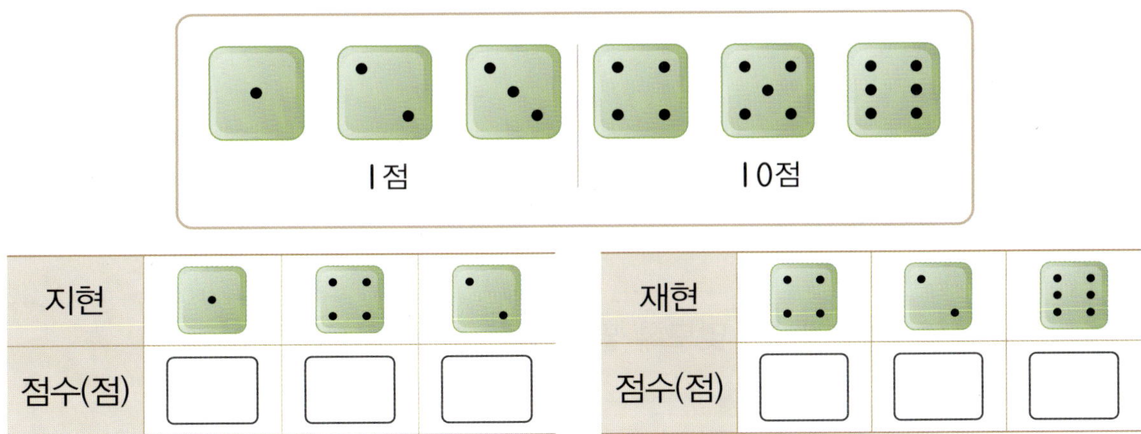

표를 만들어 해결하기

1 시환이네 모둠 학생들이 배우고 있는 운동을 조사한 것입니다. 가장 많은 학생들이 배우고 있는 운동은 무엇입니까?

태권도	축구	태권도	야구	수영	축구
축구	태권도	축구	수영	축구	태권도

그림을 그려 해결하기

2 윤지는 흰색 바둑돌을 7개 가지고 있었습니다. 그중에서 흰색 바둑돌 1개를 검은색 바둑돌 3개로 바꾸었습니다. 윤지가 가지고 있는 바둑돌은 모두 몇 개입니까?

예상과 확인으로 해결하기

3 보기와 같이 계산이 맞도록 필요 없는 수에 ✕표 하시오.

보기

$$5 + \cancel{1} + 3 = 8$$

$$4 + 2 + 5 = 7$$

규칙을 찾아 해결하기

4 (가), (나), (다)는 모두 같은 규칙에 따라 3개의 수를 놓은 것입니다. 안에 알맞은 수를 구하시오.

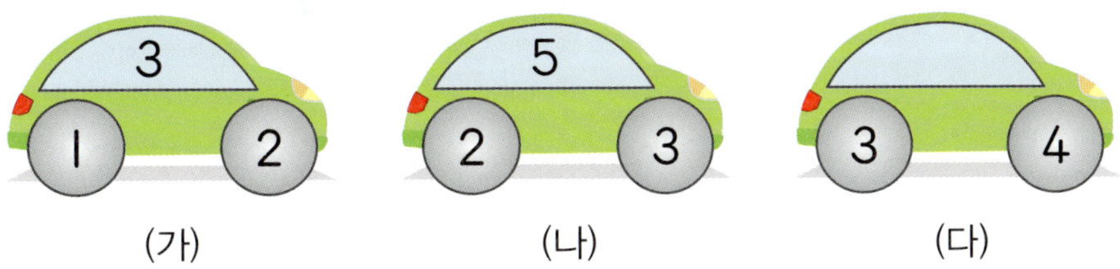

표를 만들어 해결하기

5 문구점에 있는 장난감 부품입니다. 영철이는 장난감을 완성하기 위해 ⬭ 모양과 ⬜ 모양을 사야 합니다. 영철이가 이 문구점에서 ⬭ 모양 1개와 ⬜ 모양 1개를 살 수 있는 방법은 모두 몇 가지입니까?

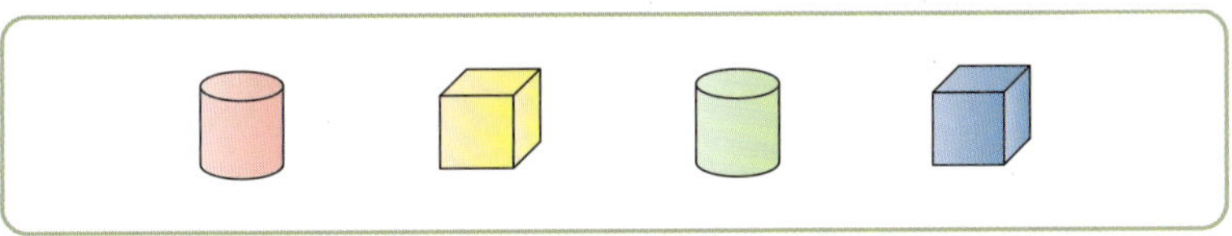

6 규칙에 따라 바둑돌을 늘어놓았습니다. ☐ 안에 알맞은 바둑돌을 그리시오.

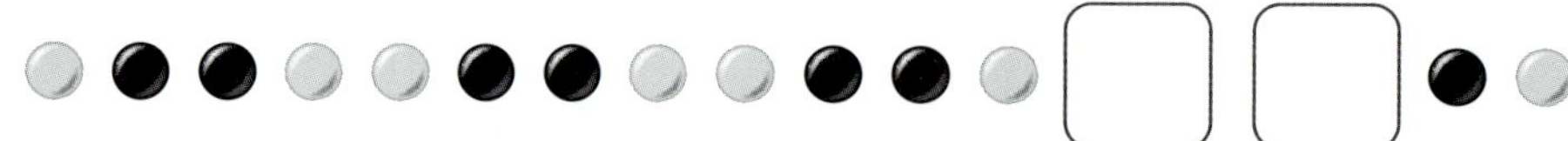

7 희연이와 현주는 종이배 9개를 나누어 가지려고 합니다. 나누어 가지는 방법은 모두 몇 가지입니까? (단, 희연이와 현주는 종이배를 적어도 한 개씩은 가집니다.)

8 수 카드 2 , 1 , 4 중에서 2장을 골라 몇십몇을 만들려고 합니다. 만들 수 있는 몇십몇 중에서 12와 42 사이의 수는 모두 몇 개입니까?

9 각각 다른 규칙으로 수를 늘어놓은 것입니다. ㉠, ㉡, ㉢에 알맞은 수 중에서 가장 작은 수를 구하시오.

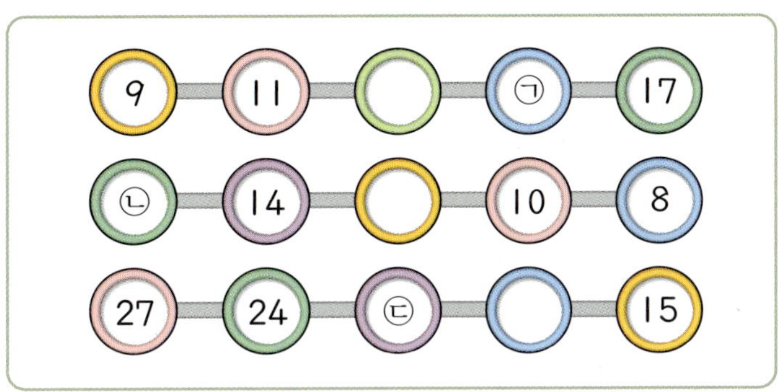

10 혜진이와 성훈이는 가위바위보를 하여 이기면 세 계단 올라가고, 지면 한 계단 올라가는 게임을 하였습니다. 혜진이가 3번 이기고 1번 졌다면, 혜진이는 성훈이보다 몇 계단 위에 있습니까? (단, 처음에 두 사람은 같은 계단에 서 있었습니다.)

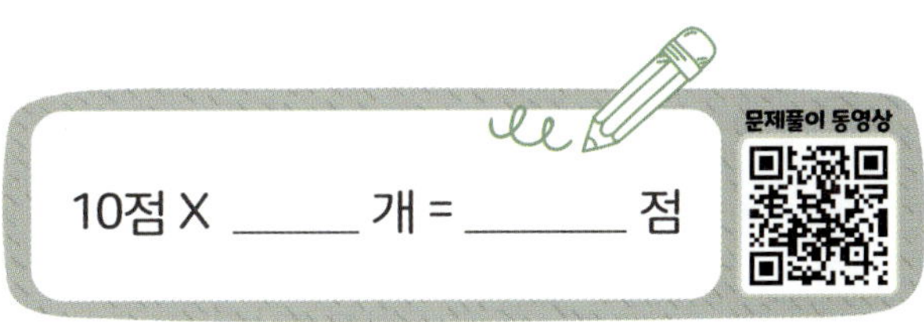

1 수진이가 학교에서 집까지 가는 방법은 모두 몇 가지입니까?

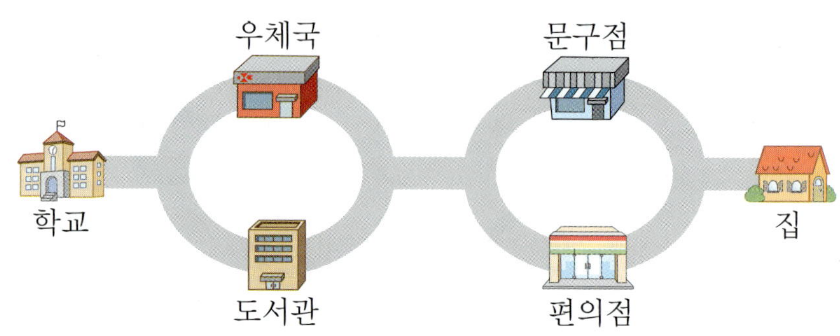

2 규칙에 따라 점을 찍고 있습니다. (마)에는 몇 개의 점을 찍어야 합니까?

(가) (나) (다) (라) (마)

3 민규네 모둠 학생 9명이 좋아하는 계절을 조사하였습니다. 봄과 가을을 좋아하는 학생 수는 같고, 여름을 좋아하는 학생은 2명입니다. 겨울을 좋아하는 학생 수는 여름을 좋아하는 학생 수보다 1명 더 적다고 할 때 봄을 좋아하는 학생은 몇 명인지 구하시오.

4 은수와 준호가 동전을 던져 나온 결과에 따라 점수를 얻는 놀이를 하였습니다. 두 사람이 동전을 각각 5번씩 던졌을 때 점수가 더 높은 사람은 누구입니까?

은수	10	십원	십원	십원	10
준호	십원	10	10	10	10

5 민진이와 세희는 매일 아침 운동장을 돌고 있습니다. 민진이가 운동장을 2바퀴 도는 동안 세희는 3바퀴 돕니다. 어제 아침 민진이가 운동장을 8바퀴 돌았다면 세희는 몇 바퀴 돌았겠습니까?

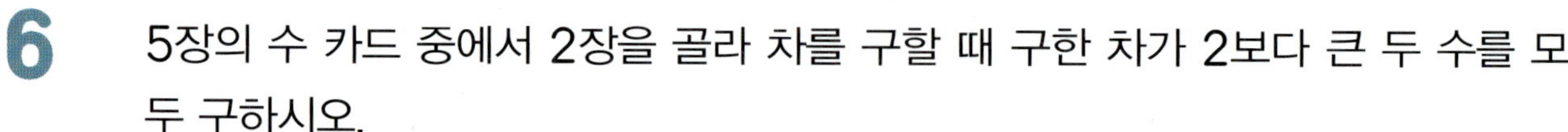

6 5장의 수 카드 중에서 2장을 골라 차를 구할 때 구한 차가 2보다 큰 두 수를 모두 구하시오.

7 규칙에 따라 수가 쓰여 있는 구슬을 쌓은 것입니다. 빈 곳에 알맞은 수를 써넣으시오.

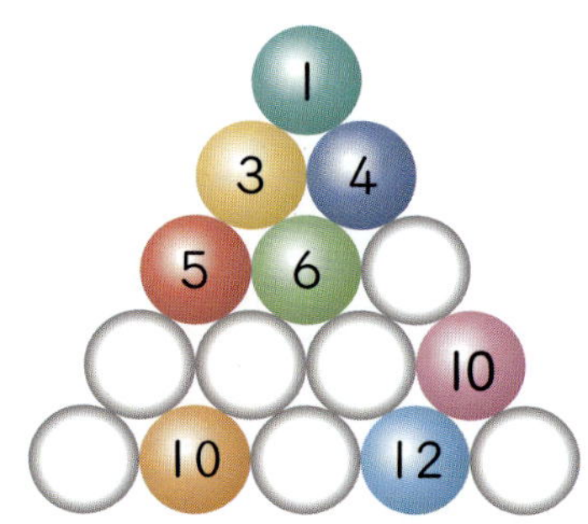

8 현빈이는 사탕을 13개 가지고 있고, 동생은 사탕을 1개 가지고 있습니다. 현빈이와 동생이 사탕을 똑같이 가지려면 현빈이는 동생에게 사탕을 몇 개 주어야 하는지 구하시오.

바른답 • 알찬풀이 29쪽

9 은영, 민재, 윤지가 바닐라 맛, 초콜릿 맛, 딸기 맛 아이스크림 중에서 하나씩 골라서 먹고 있습니다. 세 친구가 서로 다른 맛 아이스크림을 골랐을 때 다음 대화를 읽고 누가 어떤 맛 아이스크림을 먹고 있는지 쓰시오.

10 집에서 약국, 공원, 마트를 가는 길을 모눈종이에 나타낸 것입니다. 집에서 약국, 공원, 마트를 가장 가까운 길로 각각 가려고 할 때 거리가 가까운 곳부터 차례대로 쓰시오.

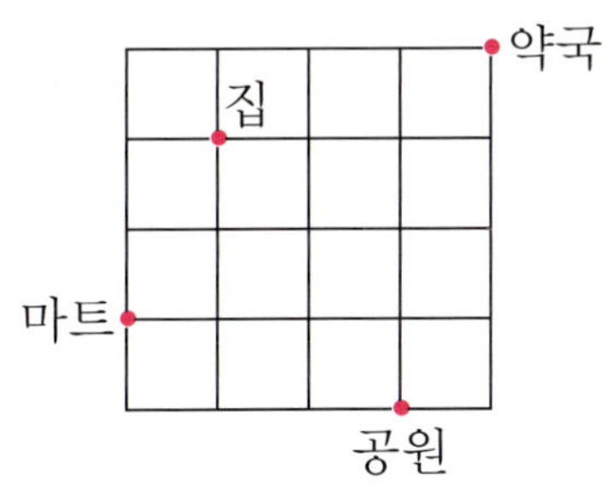

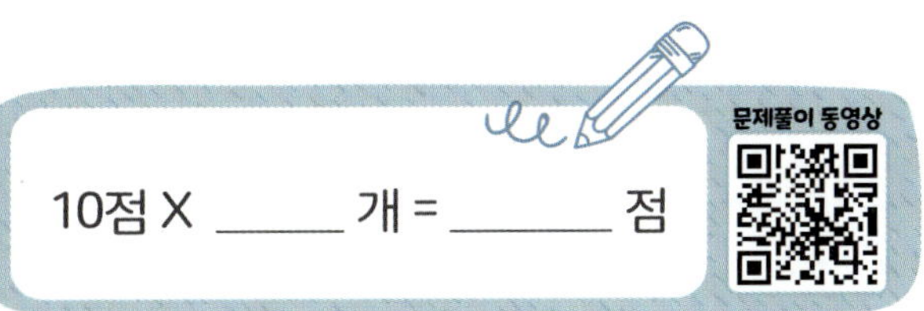

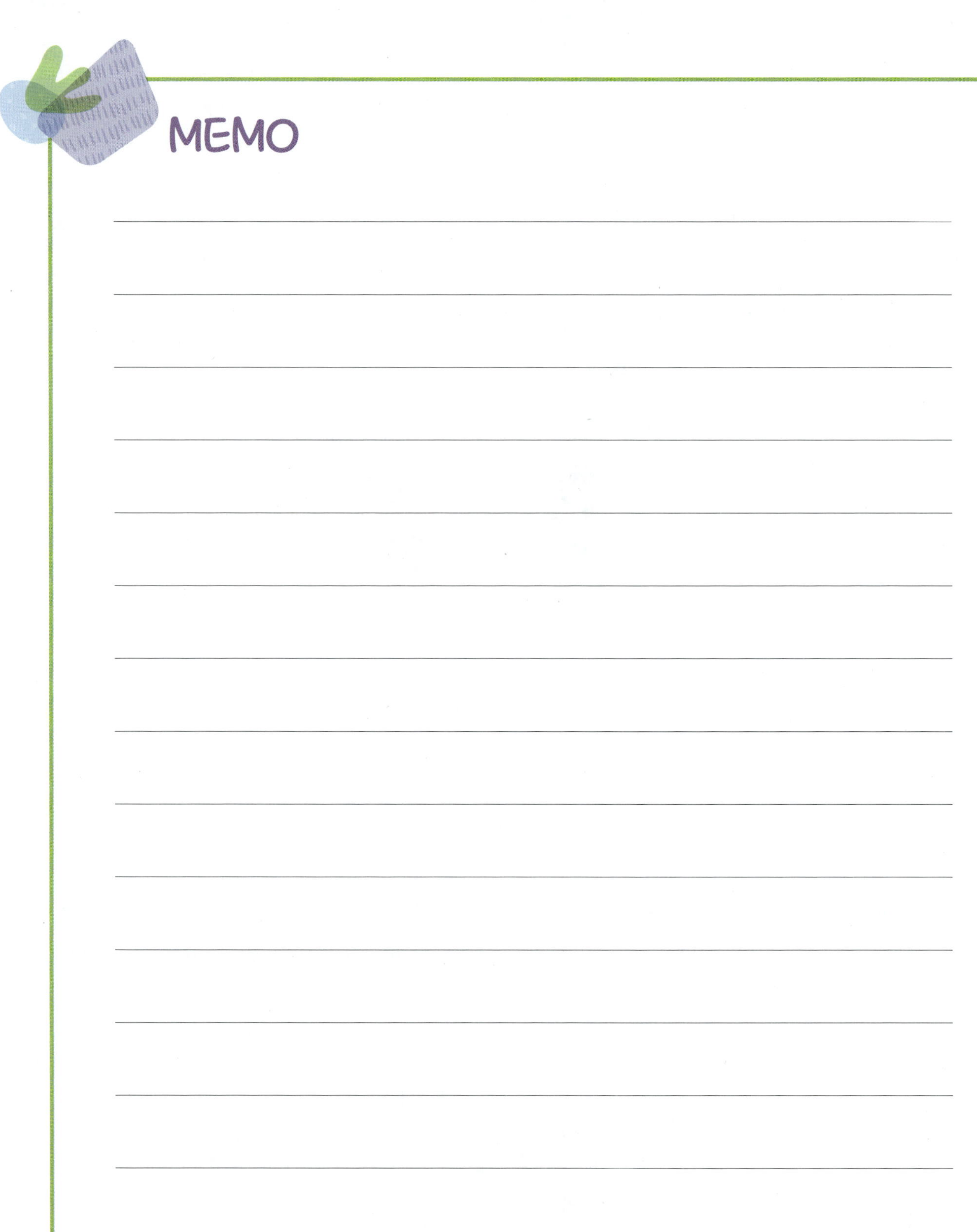

MEMO

1학년 1학기
문제 해결력 TEST

이름

학교

학년

문제 해결력 TEST

01

1부터 9까지의 수 중에서 두 사람이 말하는 조건을 만족하는 수를 모두 구하시오.

02

상자 속에 들어 있는 물건을 손으로 만져 보고 설명한 것입니다. 잘못 설명한 학생은 누구입니까?

03

윤정이가 사탕을 친구 3명에게 2개씩 나누어 주었더니 1개가 남았습니다. 윤정이가 처음에 가지고 있던 사탕은 몇 개입니까?

04

하연이네 반 25명이 번호 순서대로 빠짐없이 한 줄로 길게 서 있습니다. 하연이는 십육 번이고, 현수는 뒤에서 다섯째에 서 있습니다. 하연이와 현수 사이에 서 있는 학생은 모두 몇 명입니까?

05

일정한 규칙에 따라 빈 곳을 채우면 ⬤ 모양은 모두 몇 개가 됩니까?

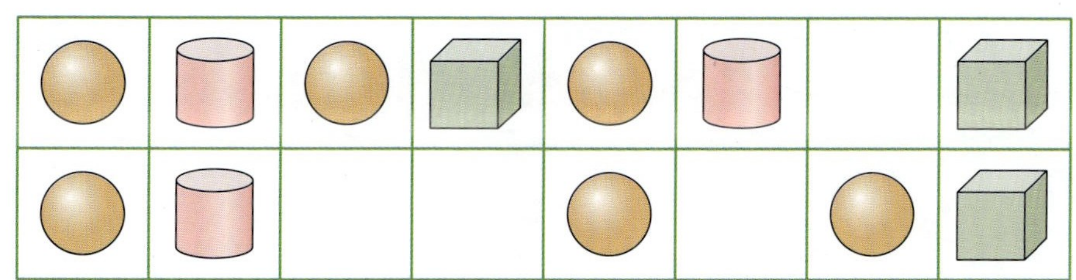

06

가와 나 중에서 색칠한 부분이 더 넓은 것의 기호를 쓰시오.

07

재민이네 모둠 학생들의 티셔츠 색깔을 조사하여 그림으로 나타낸 것입니다. 가장 많은 학생들의 티셔츠의 색깔은 흰색, 빨간색, 노란색 중에서 어느 것입니까?

08

규칙을 찾아 빈 곳에 알맞은 수를 써넣으시오.

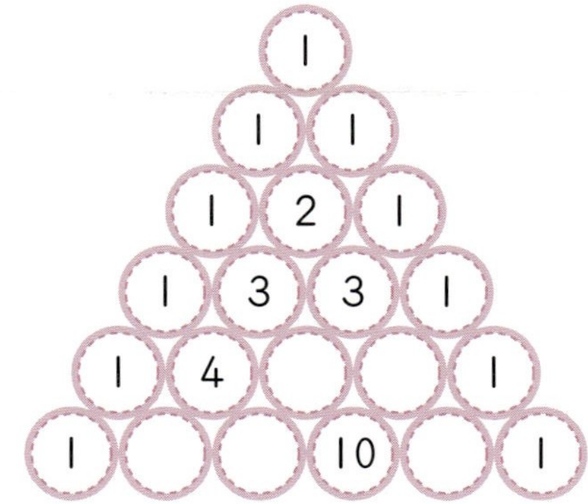

09

현수는 노란 색종이 3장과 파란 색종이 4장으로 종이비행기를 접었고, 혜경이는 노란 색종이 2장과 파란 색종이 7장으로 종이비행기를 접었습니다. 누가 종이비행기를 몇 개 더 많이 접었습니까?

10

같은 모양은 같은 수를 나타냅니다. 🟧가 3일 때, ❤️에 알맞은 수를 구하시오.

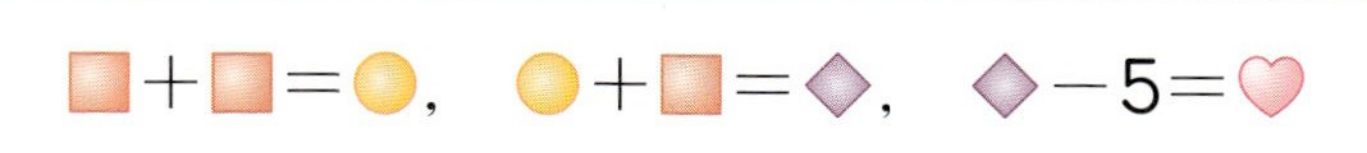

11

서빈이와 광현이가 똑같은 크기의 수조에 각각 물을 붓고 있습니다. 수조를 가득 채우는 데 서빈이는 유리병에 물을 가득 담아 5번, 광현이는 컵에 물을 가득 담아 6번 부었습니다. 유리병과 컵 중에서 물을 더 많이 담을 수 있는 것은 어느 것입니까?

12

승아, 민규, 윤성, 재하 중에서 키가 가장 큰 사람은 누구입니까?

- 승아는 민규보다 키가 큽니다.
- 윤성이는 재하보다 키가 큽니다.
- 윤성이는 민규보다 키가 작습니다.

13

수 카드 0, 2, 3 중에서 2장을 골라 몇십몇을 만들려고 합니다. 만들 수 있는 몇십몇은 모두 몇 개입니까?

14

도토리를 석호는 10개씩 묶음 2개와 낱개 25개를 주웠고, 연경이는 10개씩 묶음 3개와 낱개 11개를 주웠습니다. 도토리를 더 적게 주운 사람은 누구입니까?

15

혜민이네 집에 있는 위인전 8권 중에서 윤아에게 몇 권 빌려주고, 수미에게 2권을 빌려주었더니 3권이 남았습니다. 윤아에게 빌려준 위인전은 몇 권입니까?

16

가위, 풀, 지우개 중에서 한 개의 무게가 가장 가벼운 것은 어느 것입니까? (단, 같은 종류의 물건은 무게가 같습니다.)

17

상우와 동생이 팽이 15개를 나누어 가지는 방법은 모두 몇 가지입니까? (단, 두 사람은 팽이를 적어도 한 개씩은 가집니다.)

18

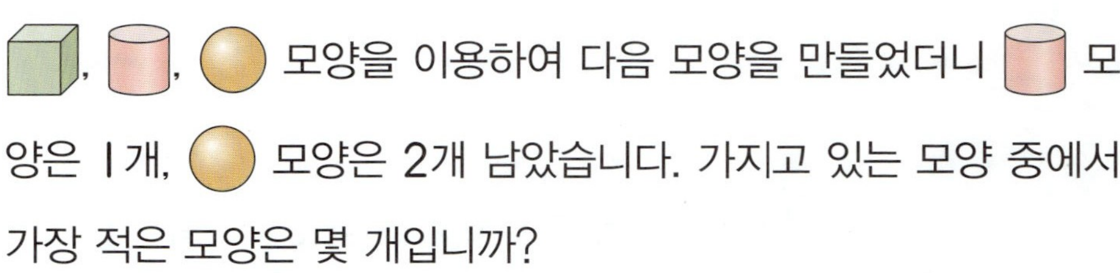 모양을 이용하여 다음 모양을 만들었더니 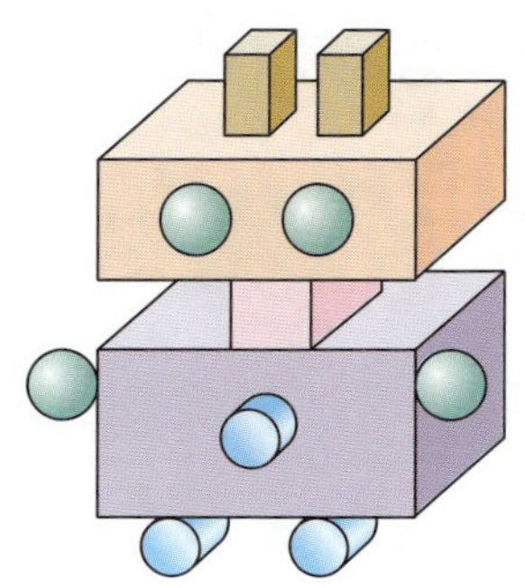 모양은 1개, 모양은 2개 남았습니다. 가지고 있는 모양 중에서 가장 적은 모양은 몇 개입니까?

19

그림에서 오른쪽으로 한 칸 갈 때마다 1씩 커지고 아래쪽으로 한 칸 갈 때마다 3씩 작아집니다. ㉠에 알맞은 수를 구하시오.

20

다음 세 가지 조건을 만족하는 수를 모두 구하시오.

- 30부터 39까지의 수입니다.
- 낱개의 수는 7보다 작습니다.
- 10개씩 묶음의 수가 낱개의 수보다 큽니다.

어휘력을 키워야 문해력이 자랍니다.
문해력은 국어는 물론 모든 공부의 기본이 됩니다.

퍼즐런 시리즈로
재미와 학습 효과 두 마리 토끼를 잡으며,
문해력과 함께 공부의 기본을
확실하게 다져 놓으세요.

Fun! Puzzle! Learn!

재미있게!　　　　퍼즐로!　　　　배워요!

맞춤법
초등학생이 자주 틀리는
헷갈리는 맞춤법 100

속담
초등 교과 학습에 꼭 필요한
빈출 속담 100

사자성어
생활에서 자주 접하는
초등 필수 사자성어 100

미래엔 초등 도서 목록

초코

교과서 달달 쓰기 · 교과서 달달 풀기
1~2학년 국어 · 수학 교과 학습력을 향상시키고
초등 코어를 탄탄하게 세우는 기본 학습서
[4책] 국어 1~2학년 학기별
[4책] 수학 1~2학년 학기별

초등 필수 기본서, 초코
초등의 교과 학습력이 중·고등까지 이어진다!
교과 학습력을 탄탄하게 세우는 초등 필수 기본서
[8책] 국어 3~6학년 학기별
[8책] 사회 3~6학년 학기별, [8책] 과학 3~6학년 학기별

전과목 단원평가
빠르게 단원 핵심을 정리하고, 수준별 문제로 실전력을 키우는
교과 평가 대비 학습서
[8책] 3~6학년 학기별

 수비수학 개념편

초등학교 수학의 기본 실력을 높이는 수학 개념서
[8책] 3~6학년 학기별
*5~6학년 1, 2학기는 2025년 하반기부터 순차 출시 예정

문제 해결의 길잡이

원리 8가지 문제 해결 전략으로 문장제와 서술형 문제 정복
[12책] 1~6학년 학기별

심화 문장제 유형 정복으로 초등 수학 최고 수준에 도전
[6책] 1~6학년 학년별

하루한장 예비 초등

한글완성
초등학교 입학 전 한글 읽기·쓰기 동시에 끝내기
[3책] 기본 자모음, 받침, 복잡한 자모음

예비초등
기본 학습 능력을 향상하며 초등학교 입학을 준비하기
[2책] 국어, 수학

하루한장 독해

독해 시작편
초등학교 입학 전 기본 문해력 익히기 30일 완성
[2책] 문장으로 시작하기, 짧은 글 독해하기

어휘
문해력의 기초를 다지는 초등 필수 어휘 학습서
[6책] 1~6학년 단계별

독해
국어 교과서와 연계하여 문해력의 기초를 다지는 독해 기본서
[6책] 1~6학년 단계별

독해+플러스
본격적인 독해 훈련으로 문해력을 향상시키는 독해 실전서
[6책] 1~6학년 단계별

비문학 독해 (사회편·과학편)
사회·과학 영역 글 읽기를 통해 배경지식을 확장하고
문해력을 완성시키는 독해 심화서
[사회편 6책, 과학편 6책] 1~6학년 단계별

 퍼즐런

초등 필수 어휘를 퍼즐로 재미있게 익히는 학습서
[3책] 사자성어, 속담, 맞춤법

수학 상위권 진입을 위한 문장제 해결력 강화

문제 해결의 길잡이

원리

수학 1-1

바른답·알찬풀이

수·연산 시작하기   8~9쪽

1 (여섯)   **2** 5
3 3개   **4** 8살
5 4개   **6** 7
7 14 / 십사, 열넷   **8** 지호

1 4보다 1 큰 수는 5입니다.
오는 5입니다.
여섯은 6입니다.
6보다 1 작은 수는 5입니다.
➡ 나타내는 수가 나머지 셋과 다른 것은
6(여섯)입니다.

2 왼쪽에서 여섯째에 있는 수는 4입니다.
➡ 4보다 1 큰 수는 5입니다.

3 2, 8과 주어진 수를 순서대로 쓰면
0, 1, (2), 3, 4, 6, (8), 9입니다.
➡ 2보다 크고 8보다 작은 수는 3, 4, 6이므
로 모두 3개입니다.

4 (오빠의 나이)=(혜경이의 나이)+2
　　　　　　=6+2=8(살)

5 (마카롱의 수)−(쿠키의 수)
　　=9−5=4(개)

6 두 수를 바꾸어 더해도 합은 같습니다.
➡ ⭐+❤=7이므로 ❤+⭐=7입니다.

7 
10개씩 묶음 1개와 낱개 4개이므로 14라 쓰
고 십사 또는 열넷이라고 읽습니다.

8 구슬을 지호는 43개, 미주는 39개 가지고
있습니다.

➡ 43과 39 중에서 더 큰 수는 43이므로 구
슬을 더 많이 가지고 있는 사람은 지호입
니다.

식을 만들어 해결하기

익히기   10~11쪽

1   덧셈과 뺄셈
문제 분석 수현이네 모둠은 몇 명
7, 2 / 3
해결 전략 (덧셈식) / (뺄셈식)
풀이 ❶ 7, 2, 9
❷ 3 / 9, 3, 6
답 6

2   덧셈과 뺄셈
문제 분석 지금 민재가 가지고 있는 초콜릿은 몇 개
6 / 3 / 4
해결 전략 (뺄셈식) / (덧셈식)
풀이 ❶ 6, 3, 3
❷ 3, 4, 7
답 7

적용하기   12~15쪽

1   덧셈과 뺄셈
❶ (첫 번째 볼링공을 굴렸을 때 서 있는 볼링 핀 수)
=(처음에 서 있던 볼링 핀 수)−1
=2−1=1(개)
❷ (두 번째 볼링공을 굴렸을 때 서 있는 볼링 핀 수)
=(첫 번째 볼링공을 굴렸을 때 서 있는 볼링
핀 수)−1
=1−1=0(개)
답 0개

2

❶ (성욱이가 주운 밤의 수)
　＝(인실이가 주운 밤의 수)＋1
　＝3＋1＝4(개)

❷ (인실이와 성욱이가 주운 밤의 수)
　＝(인실이가 주운 밤의 수)
　　＋(성욱이가 주운 밤의 수)
　＝3＋4＝7(개)

답 7개

3

❶ (수학 공책으로 사용하고 남은 공책 수)
　＝(전체 공책 수)－(수학 공책 수)
　＝7－2＝5(권)

❷ (남은 공책 수)
　＝(수학 공책으로 사용하고 남은 공책 수)
　　－(알림장 수)
　＝5－3＝2(권)

답 2권

4

❶ 민주가 던진 주사위 눈의 수는 4와 4이므로 두 수의 합은 4＋4＝8입니다.

❷ 소연이가 던진 주사위 눈의 수는 6과 1이므로 두 수의 합은 6＋1＝7입니다.

❸ 8은 7보다 크므로 게임에서 이긴 사람은 민주입니다.

답 민주

5

❶ (지민이의 양손에 있는 구슬 수)
　＝(지민이의 왼손에 있는 구슬 수)
　　＋(지민이의 오른손에 있는 구슬 수)
　＝5＋4＝9(개)

❷ 지민이의 양손에 있는 구슬 수와 희연이의 양손에 있는 구슬 수는 같으므로
　(희연이의 왼손에 있는 구슬 수)
　＝(지민이의 양손에 있는 구슬 수)
　　－(희연이의 오른손에 있는 구슬 수)
　＝9－3＝6(개)

답 6개

6

❶ (우정이네 과일 가게에 남은 과일 수)
　＝(사과의 수)＋(배의 수)
　＝5＋3＝8(개)

❷ (희라네 과일 가게에 남은 과일 수)
　＝(사과의 수)＋(배의 수)
　＝3＋2＝5(개)

❸ 8은 5보다 크므로 두 과일 가게에 남은 과일 수의 차는 8－5＝3(개)입니다.

답 3개

7

❶ 아쟁, 바이올린, 기타의 현의 수 비교하기
　현의 수는 아쟁이 8줄, 바이올린이 4줄, 기타가 6줄이므로 현이 가장 많은 악기부터 순서대로 쓰면 아쟁, 기타, 바이올린입니다.

❷ 현이 가장 많은 악기는 가장 적은 악기보다 몇 줄 더 많은지 구하기
　(아쟁의 현의 수)－(바이올린의 현의 수)
　＝8－4＝4(줄)

답 4줄

수학 ○ 음악

〈현악기〉
바이올린이나 기타에는 모두 줄이 있지만 줄의 개수나 굵기도 다르고 소리도 다릅니다. 이렇게 줄로 소리를 내는 악기를 '현악기'라고 합니다.
아쟁은 줄을 그어서 소리를 내는데 가야금이나 거문고보다 줄이 굵어 낮은 소리가 납니다.
바이올린은 현악기 중에서 크기가 가장 작고 활로 줄을 문질러서 연주합니다.
기타는 줄을 튕기거나 뜯어서 연주합니다.

아쟁　　바이올린　　기타

8

❶ 성재가 가진 색종이는 몇 장인지 구하기
　(성재가 가진 색종이 수)
　＝(처음에 성재가 가지고 있던 색종이 수)
　　－(정연이에게 준 색종이 수)
　＝7－3＝4(장)

❷ 정연이가 가진 색종이는 몇 장인지 구하기

(정연이가 가진 색종이 수)

＝(처음에 정연이가 가지고 있던 색종이 수)

　　＋(성재에게 받은 색종이 수)

＝2＋3＝5(장)

❸ 누가 색종이를 몇 장 더 많이 가지고 있는지 구하기

5가 4보다 크므로 정연이가 성재보다 색종이를 5−4＝1(장) 더 많이 가지고 있습니다.

답 　정연, 1장

9
덧셈과 뺄셈

❶ 왼쪽 주머니에 들어 있는 수 카드에 적힌 두 수의 합 구하기

1＋5＝6

❷ ㉠과 ㉡에 알맞은 수 구하기

각 주머니에 들어 있는 수 카드에 적힌 두 수의 합은 6으로 같습니다.

➡ ㉠＝6−2＝4, ㉡＝6−6＝0

❸ ㉠과 ㉡에 알맞은 수의 차 구하기

4가 0보다 크므로 4−0＝4입니다.

답 　4

그림을 그려 해결하기

익히기
16~17쪽

1
9까지의 수

문제 분석 　찬영이는 앞에서 몇째에 서 있게 됩니까?

5 / 넷째

풀이 ❶ 넷째

❷ ◆, 찬영, ▲, ■, ●

답 　둘째

2
덧셈과 뺄셈

문제 분석 　은혜가 동생에게 준 사탕은 몇 개

9 / 5

해결 전략 　5

풀이 ❶

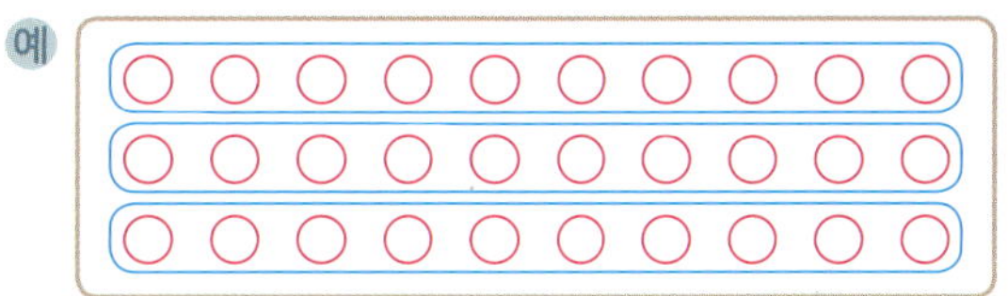

❷ 4

❸ 4

답 　4

적용하기
18~21쪽

1
50까지의 수

❶ 예

○를 10개씩 묶으면 10개씩 묶음이 3개가 됩니다.

❷ 귤을 10개씩 묶으면 10개씩 묶음이 3개가 됩니다.

➡ 봉지는 3개 필요합니다.

답 　3개

2
덧셈과 뺄셈

❶

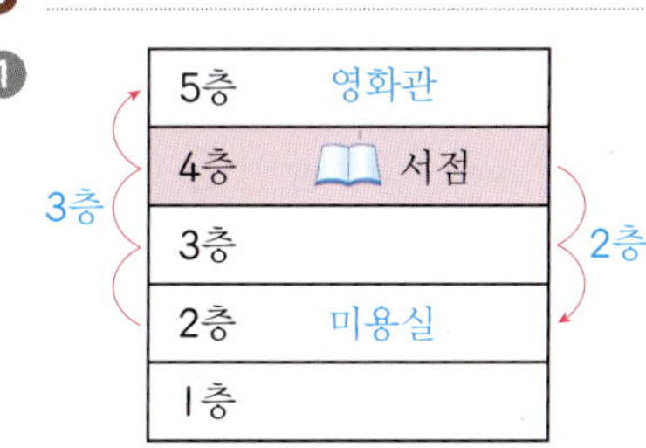

더 그린 ○를 세어 보면 5개입니다.

❷ 더 날아온 참새는 5마리입니다.

답 　5마리

3
9까지의 수

❶

미용실은 서점보다 2층 아래에 있으므로 4층, 3층, 2층입니다.

영화관은 미용실보다 3층 위에 있으므로 2층, 3층, 4층, 5층입니다.

❷ 미용실은 2층에 있고 영화관은 5층에 있습니다.

답 　미용실: 2층, 영화관: 5층

4

① 

② 준석이 앞에 4명, 뒤에 2명이 있습니다.
➡ 준석이네 모둠 학생들은 모두 7명입니다.

답 7명

5

① 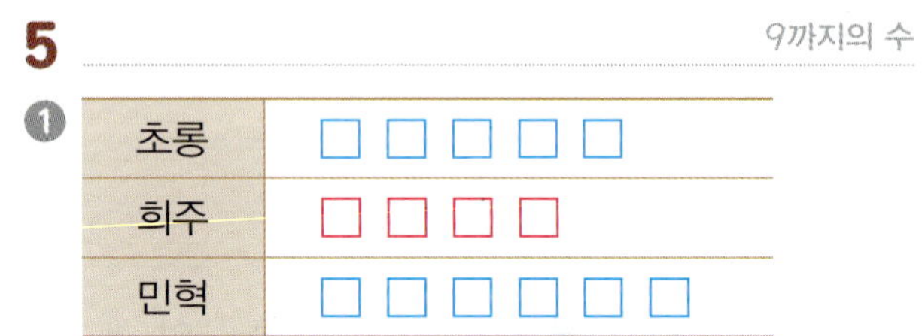

초롱이는 6개보다 하나 더 적게 먹었으므로 5개를 먹었고, 민혁이는 5개보다 하나 더 많이 먹었으므로 6개를 먹었습니다.

② 젤리를 가장 많이 먹은 사람은 민혁이고, 가장 적게 먹은 사람은 희주입니다.
➡ 젤리를 많이 먹은 사람부터 순서대로 이름을 쓰면 민혁, 초롱, 희주입니다.

답 민혁, 초롱, 희주

6

① 예 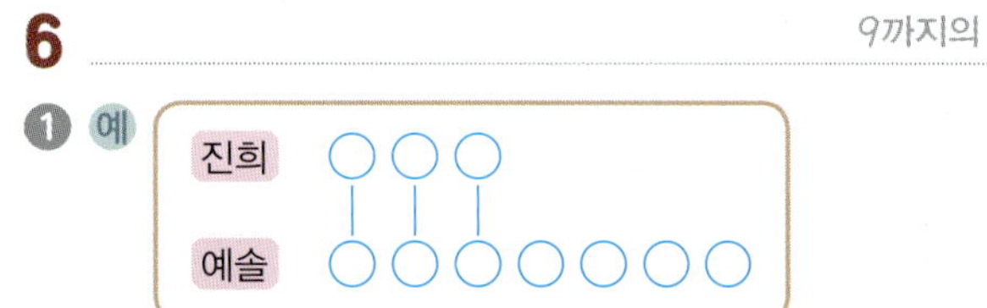

하나씩 짝을 지으면 예솔이의 연필이 4자루 남습니다.

② 예솔이는 진희에게 4자루의 반인 2자루를 주어야 합니다.

답 2자루

다른 풀이

3보다 2 큰 수와 7보다 2 작은 수는 5로 같습니다.
➡ 예솔이가 진희에게 연필 2자루를 주면 두 사람이 가지고 있는 연필은 5자루로 같아집니다.

7

① **수경이가 가지고 있던 인형 수만큼 ◯를 그리기**

예 수경이가 동생에게
주고 남은 인형

동생에게
준 인형

② **처음에 수경이가 가지고 있던 인형은 몇 개인지 구하기**

수경이에게 남은 인형이 3개이면 동생에게 준 인형도 3개입니다.
➡ 처음에 수경이가 가지고 있던 인형은 3+3=6(개)입니다.

답 6개

8

① **주차장에 들어오고 나간 자동차 수만큼 그림으로 나타내기**

주차장에 있는 자동차 수만큼 ◯를 그리고 주차장에서 나간 자동차 수만큼 /으로 지우면 다음과 같습니다.

예 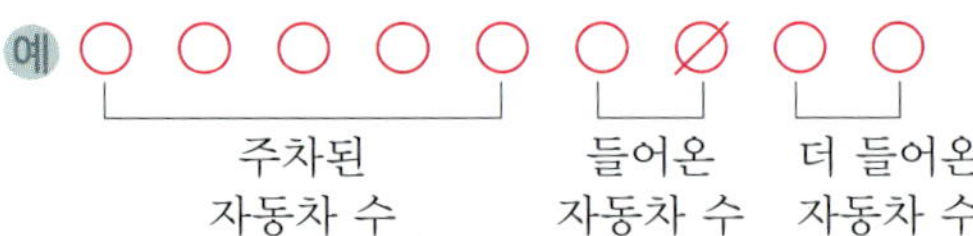

② **지금 주차장에 있는 자동차는 모두 몇 대인지 구하기**

①의 그림에서 ◯를 세어 보면 8개입니다.
➡ 지금 주차장에 있는 자동차는 모두 8대입니다.

답 8대

9

① **두 사람이 가지고 있는 딱지 수만큼 ◯를 그리기**

예 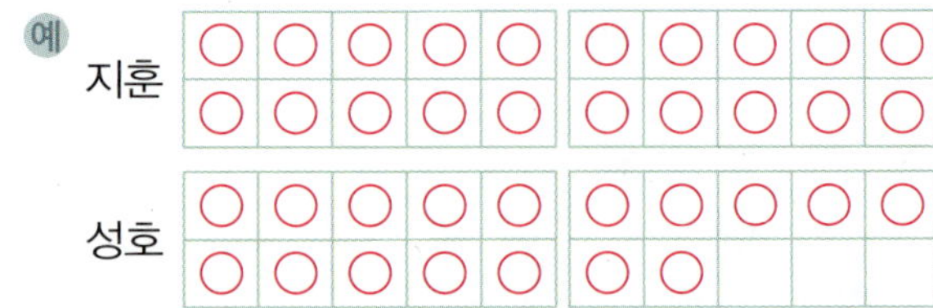

② **성호는 딱지가 몇 장 더 있어야 하는지 구하기**

①의 그림에서 성호가 가진 딱지 수가 지훈이가 가진 딱지 수와 같아지려면 ◯를 3개 더 그려야 합니다.
➡ 성호는 딱지가 3장 더 있어야 합니다.

답 3장

거꾸로 풀어 해결하기

익히기

1
덧셈과 뺄셈

문제 분석 ☆에 알맞은 수
  1 / 2

해결 전략 (가르기)/(모으기)

풀이 ❶ 8, 8
  ❷ 8 / 8, 7 / 7

답 7

2
덧셈과 뺄셈

문제 분석 소희가 처음에 가지고 있던 구슬은 몇 개
  3, 2 / 5

해결 전략 (뺄셈)/(덧셈)

풀이 ❶ 2, 3
  ❷ 3, 6

답 6

적용하기

1
덧셈과 뺄셈

❶ 🟡에 알맞은 수는 3과 3으로 가를 수 있습니다.
  ➡ 3과 3을 모으면 6이므로 🟡에 알맞은 수는 6입니다.
❷ 어떤 수와 2를 모으면 6이 됩니다.
  ➡ 6은 4와 2로 가를 수 있으므로 어떤 수는 4입니다.

답 4

참고
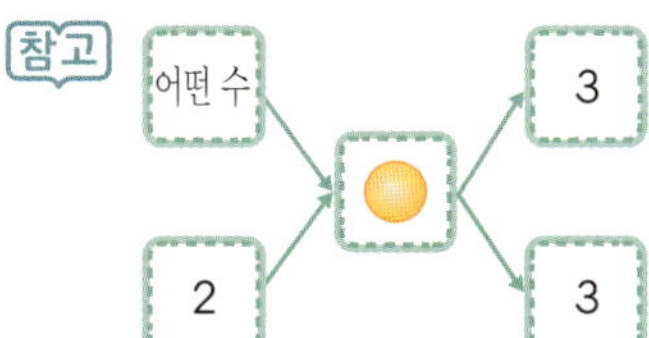

2
덧셈과 뺄셈

❶ △−1=8이므로 △=8+1=9입니다.
❷ ▨+5=9이므로 ▨=9−5=4입니다.

답 4

3

❶ 3보다 1 작은 수는 2입니다.
  ➡ 성훈이는 2골을 넣었습니다.
❷ 성훈이가 넣은 골의 수는 지호가 넣은 골의 수보다 1 큰 수이므로 지호가 넣은 골의 수는 성훈이가 넣은 골의 수보다 1 작은 수입니다.
  ➡ 지호는 1골을 넣었습니다.

답 1골

참고
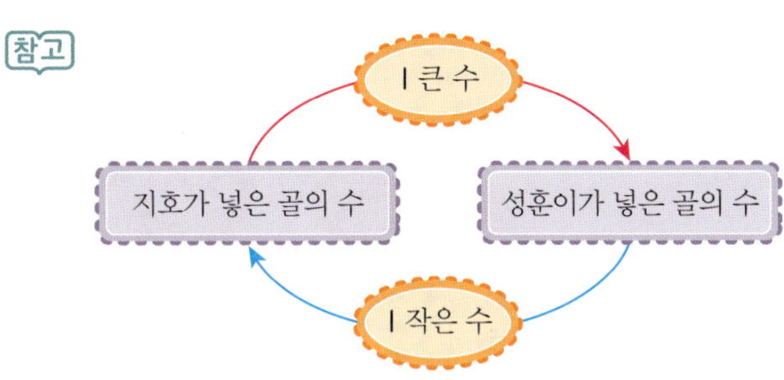

4

❶ [3] [5] [8] 두 번째에 나온 눈의 수 3과 세 번째에 나온 눈의 수 5를 모으면 8입니다.
❷ [?] [8] [10] 10은 2와 8로 가를 수 있으므로 8과 모아서 10이 되는 수는 2입니다.
  ➡ 첫 번째에 나온 눈의 수는 2입니다.

답 2

5
덧셈과 뺄셈

❶ (서준이가 처음에 가지고 있던 색종이 수)
  =(서준이가 지금 가지고 있는 색종이 수)
    −(친구에게 받은 색종이 수)
  =9−3=6(장)
❷ (진아가 가지고 있는 색종이 수)
  =(서준이가 처음에 가지고 있던 색종이 수)
    −4
  =6−4=2(장)

답 2장

참고
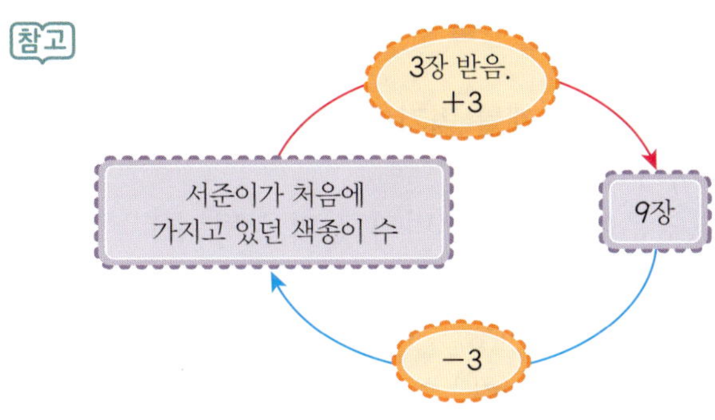

6

❶ (2명이 더 타기 전에 버스에 타고 있던 사람 수)
  =(지금 버스에 타고 있는 사람 수)
    −(더 탄 사람 수)
  =3−2=1(명)

❷ (처음 버스에 타고 있던 사람 수)
  =(2명이 더 타기 전에 버스에 타고 있던 사람 수)+(내린 사람 수)
  =1+4=5(명)

답 5명

참고

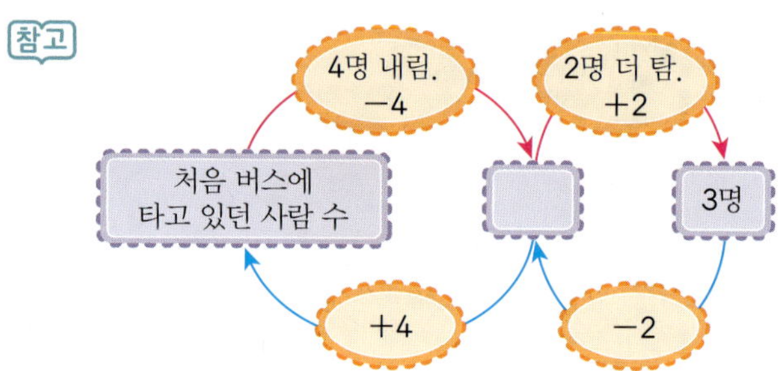

7

❶ 어떤 수 구하기
  4+(어떤 수)=7이므로
  (어떤 수)=7−4=3입니다.

❷ 어떤 수와 5의 차 구하기
  5는 3보다 크므로 두 수의 차는 5−3=2입니다.

답 2

8

❶ ♠에 알맞은 수 구하기
  1+♠=6이므로 ♠=6−1=5입니다.

❷ ♣에 알맞은 수 구하기
  ♠=5이므로 5−♣=4, 5−1=4이므로 ♣=1입니다.

답 1

9

❶ 영은이가 1개를 먹기 전의 사탕은 몇 개인지 구하기
  (영은이가 1개를 먹기 전의 사탕 수)
  =(영은이가 지금 가지고 있는 사탕 수)+(먹은 사탕 수)
  =4+1=5(개)

---

❷ 동생에게 준 사탕은 몇 개인지 구하기
  7−(동생에게 준 사탕 수)=5에서
  7−2=5이므로 동생에게 준 사탕은 2개입니다.

답 2개

참고

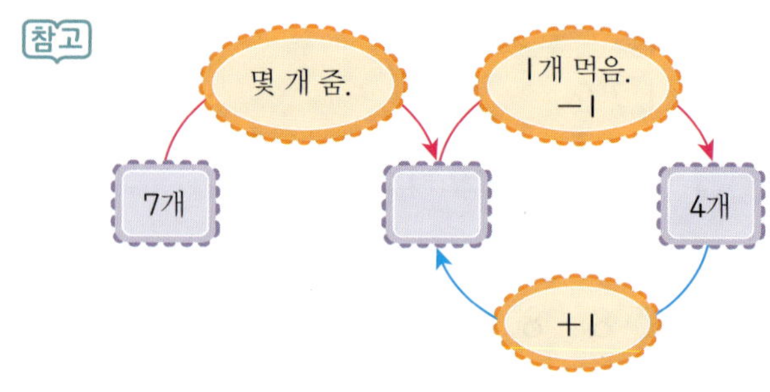

규칙을 찾아 해결하기

익히기

1

문제 분석 ☆과 ♥에 알맞은 수

풀이 ❶ 1 / 10
  ❷ 29, 49

답 ☆: 29, ♥: 49

2

문제 분석 ㉠에 알맞은 수를 두 가지 방법으로 읽어 보시오.
작은, 큰

해결 전략 20

풀이 ❶
20
↓ 1 작은 수
19 → 20 → 21
1 큰 수 1 큰 수
↓ 1 작은 수
20

  ❷ 20 / 20, 이십, 스물

답 이십, 스물

1

❶ · ↗ 방향으로 수가 1씩 커집니다.
　· ↘ 방향으로 수가 1씩 작아집니다.

❷

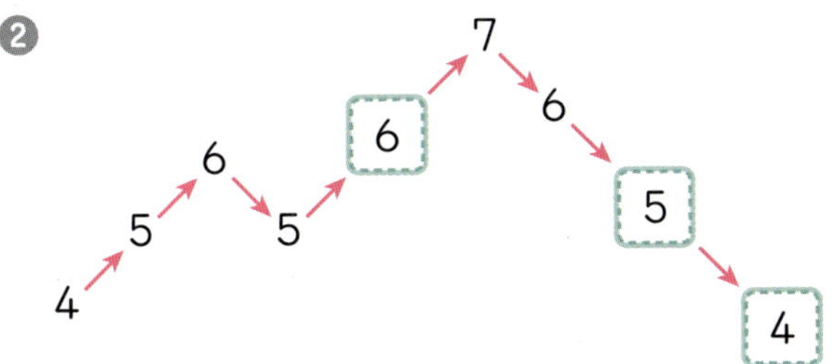

답　(왼쪽에서부터) 6, 5, 4

2

❶ (가)에서 1＋5＝6, 3＋3＝6이고,
　(다)에서 3＋5＝8, 2＋6＝8입니다.
　➡ 마주 보는 두 수의 합이 가운데 수와 같은
　　규칙입니다.

❷ (나)에서 2＋5＝7, 4＋▰＝7입니다.
　➡ 4＋3＝7이므로 ▰에 알맞은 수는 3입
　　니다.

답　3

3

❶ 보이지 않는 부분에도 쿠키가 있으므로 쿠키
　가 1줄, 2줄, 3줄, 4줄, 5줄일 때 10개씩
　늘어나는 규칙입니다.
　➡ 10개씩 묶음의 수가 1씩 커집니다.

❷ 10-20-30-40-50이므로 쿠키 상자
　에 있는 쿠키는 모두 50개입니다.

답　50개

4

❶ 금요일과 토요일의 날짜를 비교해 보면 1일,
　2일이므로 오른쪽으로 갈수록 1씩 커집니다.

❷ 8─9─10이므로 ☆에 알맞은 수는 10
　입니다.

❸ 17─18─19─20─21이므로 ♥에
　알맞은 수는 21입니다.

답　☆: 10, ♥: 21

다른 풀이

금요일의 날짜를 비교해 보면 1일, 8일이므로
아래쪽으로 갈수록 7씩 커집니다.
➡ ☆에서 아래쪽으로 한 칸 간 곳이 17일이므
　로 ☆에 알맞은 수는 17보다 7 작은 10입
　니다.
　♥는 17일에서 오른쪽으로 4칸 간 곳이므로
　♥에 알맞은 수는 17보다 4 큰 21입니다.

5

❶ 8＋1＝9, 7＋2＝9이므로
　(바깥쪽의 수)＋(안쪽의 수)＝9가 되는 규칙
　입니다.

❷ 6＋㉠＝9이므로 ㉠＝9－6＝3입니다.

❸ ㉡＋4＝9이므로 ㉡＝9－4＝5입니다.

답　㉠: 3, ㉡: 5

참고　9－1＝8, 9－2＝7이므로
9－(안쪽의 수)＝(바깥쪽의 수)가 되는 규칙으로
풀 수도 있습니다.

6

❶ 5─15─25─35─45
　　10 커짐 10 커짐 10 커짐 10 커짐
　➡ ㉠에 알맞은 수는 45입니다.

❷ 45─44─43─42─41─40
　　1작아짐 1작아짐 1작아짐 1작아짐 1작아짐
　➡ ㉡에 알맞은 수는 40입니다.

❸ 45가 40보다 큽니다.
　➡ ㉠과 ㉡에 알맞은 수 중에서 더 큰 수는
　　㉠입니다.

답　㉠

7

❶ ♥ 모양과 ◆ 모양의 요술 기계의 규칙 찾기
　♥: 5─7 1─3 0─2
　　　　+2   +2   +2
　➡ ♥ 모양 요술 기계는 넣은 수에 2를 더하
　　는 규칙입니다.

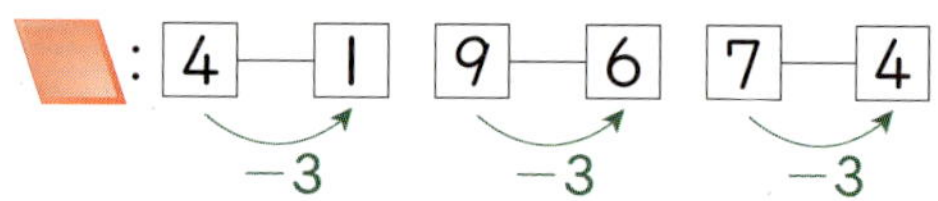

➡ 🟧 모양 요술 기계는 넣은 수에서 3을 빼는 규칙입니다.

❷ 나오는 어떤 수 구하기

💜 모양 요술 기계에 6을 넣으면 6+2=8이 나옵니다.

🟧 모양 요술 기계에 8을 넣으면 8−3=5가 나옵니다.

| 답 | 5 |

8

❶ 수 배열표에서 규칙 찾기
- 24부터 수를 순서대로 씁니다.
- 수가 ⌐¬⌐¬↑ 모양으로 배열되어 있는 규칙입니다.

❷ 수 배열표의 빈칸 채우기

27	28	35	36	43	44
26	29	34	37	42	45
25	30	33	38	41	46
24	31	32	39	40	47

❸ ♣와 ♠에 알맞은 수 중에서 더 큰 수 구하기

♣에 알맞은 수는 29이고 ♠에 알맞은 수는 47입니다.

➡ 29와 47 중에서 더 큰 수는 47입니다.

| 답 | 47 |

조건을 따져 해결하기

익히기

1

| 문제 분석 | 노란색 공과 빨간색 공은 각각 몇 개 |

5 / 1

| 해결 전략 | 5, 1 |

| 풀이 | ❶ 4, 3, 2, 1 / 4, 3 |
| | ❷ 4, 4, 1, 3 / 3, 3, 2, 1 / 2, 3 |

❸ 많습니다 / 3, 2

| 답 | 3, 2 |

2

| 문제 분석 | 더 큰 수를 만들 수 있는 사람은 누구 |

1, 4 / 2, 3

풀이	❶ 14, 41 / 41
	❷ 23, 32 / 32
	❸ 41, 32, 41 / 정아

| 답 | 정아 |

적용하기

1

❶ 오리 1마리의 다리는 2개입니다.
➡ 오리가 2마리 있으므로
(오리의 다리)=2+2=4(개)입니다.

❷ (고양이의 다리)
=(오리와 고양이의 다리)−(오리의 다리)
=8−4=4(개)

❸ 고양이 1마리의 다리는 4개이므로 고양이는 1마리입니다.

| 답 | 1마리 |

2

❶ 둘째로 큰 수

❷ 수 카드에 적힌 수를 큰 수부터 순서대로 쓰면 5, 3, 2, 0입니다.
➡ 가장 큰 수는 5이고, 둘째로 큰 수는 3입니다.

❸ 합이 가장 큰 덧셈식은 5+3=8입니다.

| 답 | 5+3=8 |

3

❶ 1+7=8, 2+6=8, 3+5=8, 4+4=8, 5+3=8, 6+2=8, 7+1=8
➡ 합이 8인 두 수는 1과 7, 2와 6, 3과 5, 4와 4입니다.

❷ 1과 7, 2와 6, 3과 5, 4와 4의 차를 구하면
7−1=6, 6−2=4, 5−3=2, 4−4=0입니다.

➡ 차가 4인 두 수는 2와 6입니다.

❸ 유리구슬이 쇠구슬보다 4개 더 많으므로 유리구슬은 6개, 쇠구슬은 2개입니다.

답 6개

4

❶ ㉮ 상자의 과자는 10개씩 묶음 3개와 낱개 5개로 35개입니다.

❷ 낱개 14개는 10개씩 묶음 1개와 낱개 4개이므로 10개씩 묶음 2개와 낱개 14개는 10개씩 묶음 3개와 낱개 4개입니다.
➡ ㉯ 상자의 과자는 34개입니다.

❸ 35가 34보다 크므로 정민이는 ㉮ 상자를 사야 합니다.

답 ㉮ 상자

5

❶ 35보다 큰 수는 36, 37, 38, 39, 40, 41, 42……입니다.

❷ 42보다 작은 수는 41, 40, 39, 38, 37, 36, 35, 34……입니다.

❸ 🟧 안에 같은 수가 들어가므로 🟧 안에 들어갈 수 있는 수는 36, 37, 38, 39, 40, 41로 모두 6개입니다.

답 6개

6

❶ 10개씩 묶음의 수가 클수록 큰 수입니다.
➡ 3은 2보다 크므로 가장 많이 있는 책은 만화책입니다.

❷ 10개씩 묶음의 수가 같을 때에는 낱개의 수가 클수록 큰 수입니다.
책의 수가 종류별로 모두 다르므로 백과사전 수의 ☁ 부분은 9가 될 수 없습니다.
➡ 백과사전 수의 ☁ 부분은 9보다 작으므로 가장 적게 있는 책은 백과사전입니다.

❸ 가장 많이 있는 책은 만화책이고 가장 적게 있는 책은 백과사전입니다.
➡ 많이 있는 책의 종류부터 순서대로 쓰면 만화책, 동화책, 백과사전입니다.

답 만화책, 동화책, 백과사전

7

❶ **가장 큰 뺄셈식을 만들 수 있는 조건 알기**
차가 가장 큰 뺄셈식을 만들려면 가장 큰 수에서 가장 작은 수를 빼야 합니다.

❷ **수 카드에 적힌 수 중에서 가장 큰 수와 가장 작은 수 구하기**
수 카드에 적힌 수를 큰 수부터 순서대로 쓰면 8, 6, 4, 3, 1입니다.
➡ 가장 큰 수는 8이고, 가장 작은 수는 1입니다.

❸ **차가 가장 큰 뺄셈식 만들기**
차가 가장 큰 뺄셈식은 8−1=7입니다.

답 8−1=7

8

❶ **㉠이 24보다 큰 수일 때 ㉠이 될 수 있는 수 구하기**
㉠이 24보다 큰 수일 경우 24와 ㉠ 사이의 수가 5개가 되려면
㉤, 25, 26, 27, 28, 29, ㉚입니다.
　　　　　5개
➡ ㉠은 30입니다.

❷ **㉠이 24보다 작은 수일 때 ㉠이 될 수 있는 수 구하기**
㉠이 24보다 작은 수일 경우 ㉠과 24 사이의 수가 5개가 되려면
㉤, 23, 22, 21, 20, 19, ㉙입니다.
　　　　　5개
➡ ㉠은 18입니다.

❸ **㉠이 될 수 있는 수 모두 구하기**
㉠이 24보다 큰 수일 경우 ㉠은 30이고, ㉠이 24보다 작은 수일 경우 ㉠은 18입니다.
➡ ㉠이 될 수 있는 수는 18, 30입니다.

답 18, 30

9

❶ **㉠을 만족하는 수 모두 구하기**
13보다 크고 26보다 작은 수는 14, 15, 16, 17, 18, 19, 20, 21, 22, 23, 24, 25입니다.

❷ ❶의 수 중에서 ⓒ을 만족하는 수 모두 구하기

10개씩 묶음 2개와 낱개 1개인 수는 21입니다.

➡ 21보다 큰 수는 22, 23, 24, 25입니다.

❸ ❷의 수 중에서 ⓒ을 만족하는 수 구하기

22, 23, 24, 25 중에서 10개씩 묶음의 수와 낱개의 수의 합이 6인 수는
24 ⇨ 2+4=6입니다.

➡ 세 가지 조건을 모두 만족하는 수는 24입니다.

답 24

---

1 7명	**2** 3	**3** 4마리
4 9	**5** 42	**6** 5쪽
7 9개	**8** 7개	**9** 9개
10 24번		

---

1 그림을 그려 해결하기

연수네 모둠 학생을 ◯로 그리면 다음과 같습니다.

➡ 연수보다 빨리 달린 학생은 모두 7명입니다.

2 조건을 따져 해결하기

수 카드에 적힌 수를 작은 수부터 순서대로 늘어놓으면 다음과 같습니다.

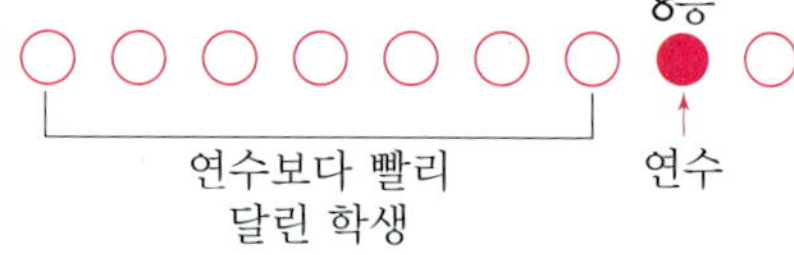

➡ 오른쪽에서 넷째에 놓이는 수는 3입니다.

3 그림을 그려 해결하기

처음 연못에 있던 오리 수만큼 ◯를 그리고 ◯가 3개 남도록 ◯를 /으로 지우면 다음과 같습니다.

/으로 지운 ◯를 세어 보면 4개입니다.

➡ 연못 밖으로 나간 오리는 4마리입니다.

---

4 조건을 따져 해결하기

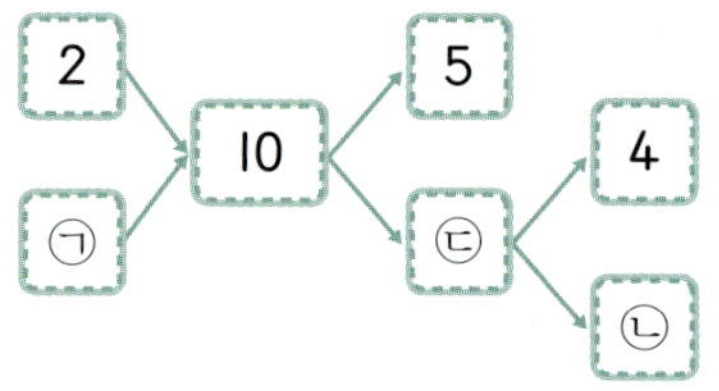

2와 ⓐ에 알맞은 수를 모으면 10입니다.

10은 2와 8로 가를 수 있으므로 ⓐ에 알맞은 수는 8입니다.

10은 5와 5로 가를 수 있으므로 ⓒ에 알맞은 수는 5입니다.

5는 4와 1로 가를 수 있으므로 ⓑ에 알맞은 수는 1입니다.

➡ ⓐ 8과 ⓑ 1을 모으면 9입니다.

5 규칙을 찾아 해결하기

오른쪽으로 한 칸 갈 때마다 1씩 커집니다.

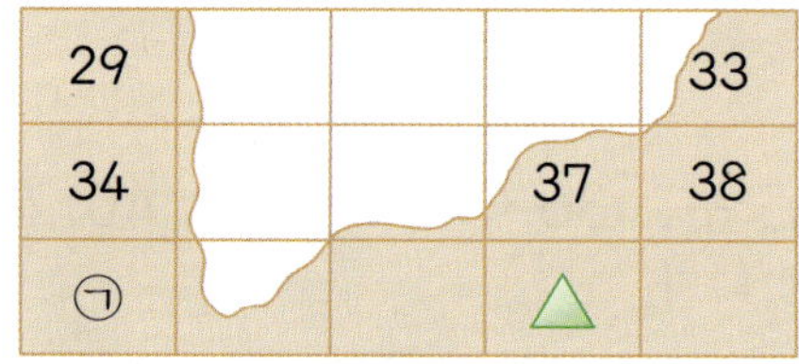

37 — 38 — 39 이므로 ⓐ에 알맞은 수는 39입니다.

➡ 39 — 40 — 41 — 42 이므로 ▲에 알맞은 수는 42입니다.

6 식을 만들어 해결하기

(오늘 푼 수학 문제집 쪽수)
=(어제 푼 수학 문제집 쪽수)-1
=3-1=2(쪽)

(어제와 오늘 푼 수학 문제집 쪽수)
=(어제 푼 수학 문제집 쪽수)
　+(오늘 푼 수학 문제집 쪽수)
=3+2=5(쪽)

7 그림을 그려 해결하기

세 사람이 처음에 가지고 있던 풍선 수만큼 ◯를 그리고 터진 풍선 수만큼 /으로 지우면 다음과 같습니다.

예		
서연	◯◯∅∅∅	
희웅	◯◯◯◯∅	
민지	◯◯◯	

➡ 세 사람의 터지지 않은 풍선은 모두
　2+4+3=9(개)입니다.

8

(바위, 보) ⇨ 보가 이겼으므로 펼친 손가락은
5개입니다.
(가위, 바위) ⇨ 바위가 이겼으므로 펼친 손가
락은 0개입니다.
(보, 가위) ⇨ 가위가 이겼으므로 펼친 손가락
은 2개입니다.
➡ (이긴 학생들의 펼친 손가락 수)
　　=5+0+2=7(개)

9

(어머니께서 더 주시기 전의 딸기 수)
　=(지금 접시에 있는 딸기 수)
　　-(어머니께서 더 주신 딸기 수)
　=8-2=6(개)
(처음 접시에 있던 딸기 수)
　=(어머니께서 더 주시기 전의 딸기 수)
　　+(먹은 딸기 수)
　=6+3=9(개)

참고

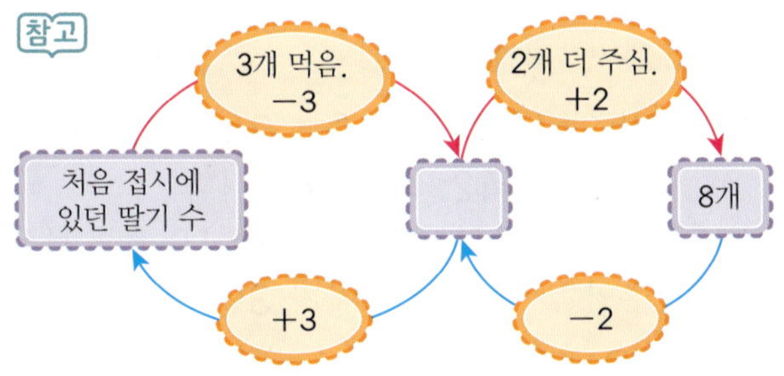

10

낱개의 수가 4이고, 10개씩 묶음의 수가 1
또는 2 또는 3이면 14, 24, 34입니다.
14와 34는 16번과 32번 사이에 있지 않습
니다.
➡ 종우는 24번입니다.

수·연산 마무리하기 2회　　44~47쪽

1 6층, 7층	**2** 4개	**3** 32개
4 7	**5** 3	**6** 2마리
7 9	**8** 6개	**9** 41
10 △: 4, ●: 2		

1

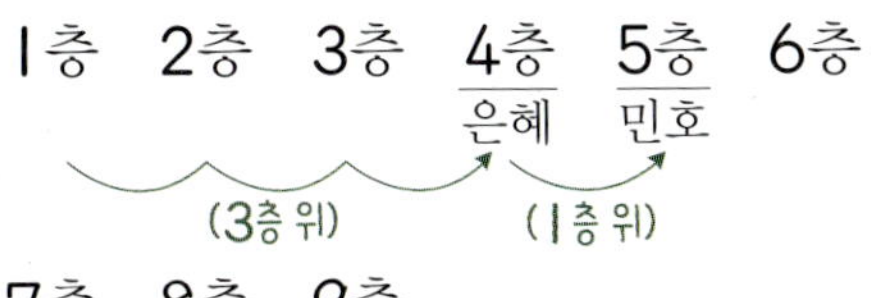

➡ 민호네 집과 수지네 집 사이에는 6층과 7
층이 있습니다.

2

2개의 큰 ◯을 그리고 각 ◯에 사탕 수
만큼 ○로 나타내어 차례대로 그리면 다음과
같습니다.
예　
➡ 서희와 강준이는 사탕을 각각 4개씩 먹었
습니다.

3

10개씩 3봉지와 낱개 12개는 10개씩 4봉지
와 낱개 2개입니다.
이 중에서 10개씩 1봉지를 동생에게 주면 10
개씩 3봉지와 낱개 2개가 남습니다.
➡ 지호에게 남은 구슬은 32개입니다.

4

오른쪽으로 한 칸 갈 때마다 1씩 커지고, 아래
쪽으로 한 칸 갈 때마다 10씩 커집니다.
18—28 ⇨ ●에 알맞은 수는 28입니다.
13—14—15, 15—25—35
⇨ ■에 알맞은 수는 35입니다.
➡ 35는 28보다 7 큰 수입니다.

다른 풀이

오른쪽으로 한 칸 갈 때마다 1씩 커집니다.
➡ ■에 알맞은 수는 ●에 알맞은 수보다 7
큰 수입니다.

5

[예상 1] ☆에 알맞은 수가 1일 때

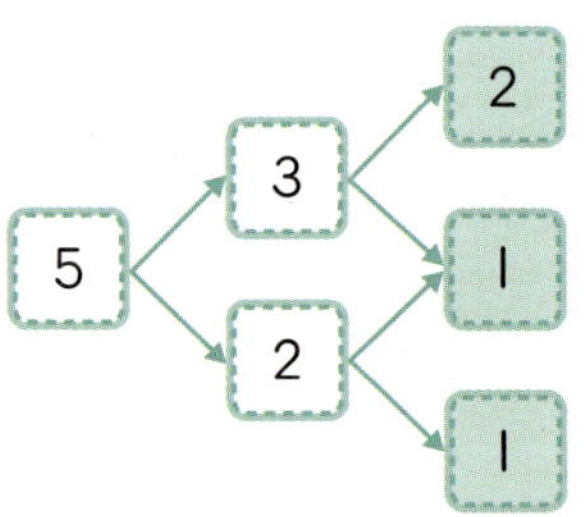

[예상 2] ⭐에 알맞은 수가 **2**일 때

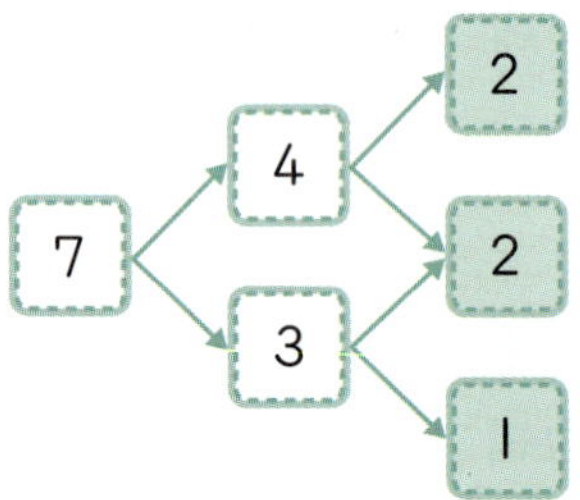

[예상 3] ⭐에 알맞은 수가 **3**일 때

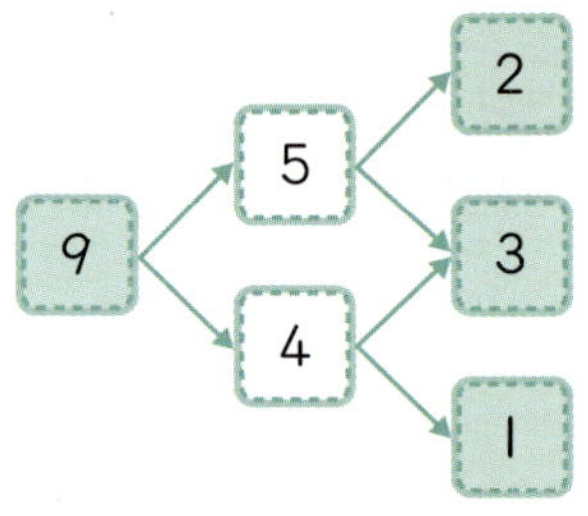

➡ ⭐에 알맞은 수는 **3**입니다.

6 그림을 그려 해결하기

동물원의 동물 수만큼 ◯로, 수족관의 동물 수만큼 △로 그린 다음 하나씩 짝을 지으면 다음과 같습니다.

예 동물원 ◯ ◯ ◯ ◯ ◯ ◯ ◯ ◯ ◯
　　수족관 △ △ △ △ △ △ △

➡ 동물원의 동물이 수족관의 동물보다 **2**마리 더 많습니다.

다른 전략　식을 만들어 해결하기

(동물원의 동물 수)
=(호랑이 수)+(곰 수)+(기린 수)
=3+2+4=9(마리)
(수족관의 동물 수)
=(물개 수)+(상어 수)
=4+3=7(마리)
➡ 동물원의 동물이 수족관의 동물보다
　9-7=2(마리) 더 많습니다.

7 거꾸로 풀어 해결하기

(어떤 수)-2=5이므로

(어떤 수)=5+2=7입니다.
➡ 어떤 수가 **7**이므로 바르게 계산하면
　7+2=9입니다.

8 그림을 그려 해결하기

나무 밑에 있는 도토리 수만큼 ◯를 그리고 동물들이 먹은 도토리 수만큼 /으로 지우면 다음과 같습니다.

예 ◯ ◯ ◯ ◯ ◯ ∅ ∅ ∅ ∅ ◯ ◯
　　　　　다람쥐가　　너구리가　　더 떨어진 수
　　　　　먹은 수　　　먹은 수

➡ 지금 나무 밑에 있는 도토리 수를 세어 보면 **6**개입니다.

다른 전략　식을 만들어 해결하기

(너구리가 먹고 난 후 남은 도토리 수)
=8-3=5(개)
(다람쥐가 먹고 난 후 남은 도토리 수)
=5-1=4(개)
(나무에서 더 떨어진 후의 도토리 수)
=4+2=6(개)
➡ 지금 나무 밑에 있는 도토리는 모두 **6**개입니다.

9 조건을 따져 해결하기

㉠ 35와 45 사이의 수는 36, 37, 38, 39, 40, 41, 42, 43, 44입니다.
㉡ ㉠을 만족하는 수 중에서 10개씩 묶음의 수와 낱개의 수의 차가 3인 수는 36 ⇨ 6-3=3, 41 ⇨ 4-1=3입니다.
㉢ ㉡을 만족하는 수 중에서 10개씩 묶음의 수가 낱개의 수보다 큰 수는 41입니다.
➡ 세 가지 조건을 모두 만족하는 수는 **41**입니다.

10 조건을 따져 해결하기

0+6=6, 1+5=6, 2+4=6, 3+3=6, 4+2=6, 5+1=6, 6+0=6
⇨ 합이 6인 두 수는 0과 6, 1과 5, 2와 4, 3과 3입니다.
0과 6, 1과 5, 2와 4, 3과 3의 차를 구하면 6-0=6, 5-1=4, 4-2=2, 3-3=0입니다.
⇨ 차가 2인 두 수는 2와 4입니다.
➡ △가 🟡보다 더 큰 수이므로 △에 알맞은 수는 **4**, 🟡에 알맞은 수는 **2**입니다.

도형·측정 **시작하기** 50~51쪽

1 ㉠, ㉢, ㉣ **2** 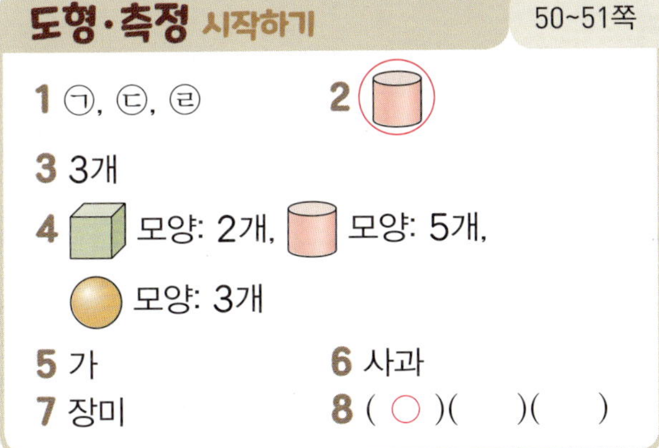

3 3개

4 모양: 2개, 모양: 5개, 모양: 3개

5 가 **6** 사과

7 장미 **8** (○)( )( )

---

1 · 모양: ㉠, ㉢, ㉣

· 모양: ㉡

· 모양: ㉣

2 평평한 부분이 있고 눕히면 잘 굴러가는 모양은 모양입니다.

3 위에서 보았을 때 모양인 물건은 모양과 모양입니다.

· 모양: 탬버린, 초

· 모양: 축구공

➡ 위에서 보았을 때 모양인 물건은 모두 3개입니다.

4 모양 2개, 모양 5개, 모양 3개를 이용하여 만든 모양입니다.

5 가, 나, 다는 양쪽 끝이 맞추어져 있으므로 줄이 많이 구부러져 있을수록 더 깁니다.
줄넘기의 줄의 길이가 긴 것부터 차례대로 쓰면 가, 나, 다입니다.
➡ 줄넘기의 줄의 길이가 가장 긴 것은 가입니다.

6 양팔저울에서는 위로 올라가는 것이 더 가볍습니다.

➡ 사과와 배 중에서 더 가벼운 것은 사과입니다.

7 튤립은 9칸, 장미는 6칸에 심었습니다.
➡ 6은 9보다 작으므로 더 좁은 부분에 심은 것은 장미입니다.

8 그릇의 크기가 클수록 담을 수 있는 양이 더 많습니다.
담을 수 있는 양이 많은 것부터 차례대로 쓰면 욕조, 대야, 양동이입니다.
➡ 담을 수 있는 양이 가장 많은 것은 욕조입니다.

그림을 그려 해결하기

익히기 52~53쪽

1 비교하기

문제 분석 높이가 낮은 빌딩부터 차례대로 쓰시오.
높습니다 / 낮습니다 / 높습니다

해결 전략 낮게

풀이 ❶ 예 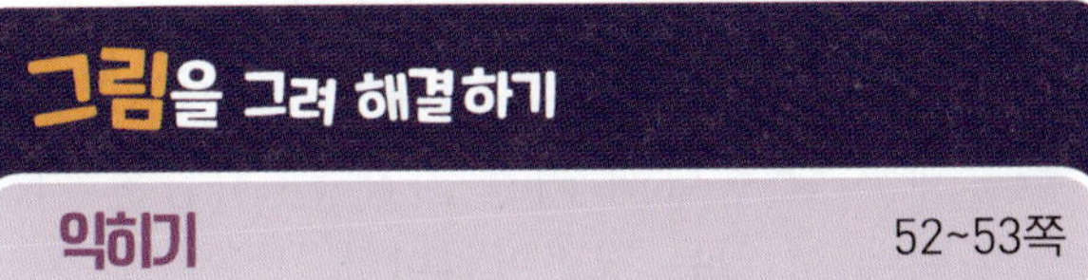

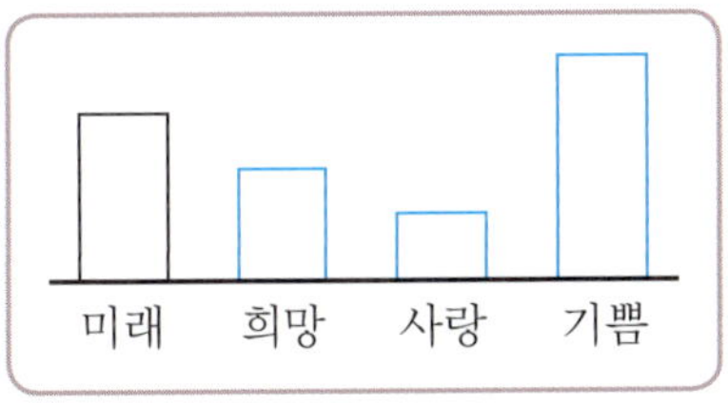

❷ 사랑, 희망 / 미래, 기쁨

답 사랑, 희망, 미래, 기쁨

2 비교하기

문제 분석 구슬 1개의 무게는 구슬 몇 개의 무게와 같습니까?
같습니다

풀이 ❶ 1 / 2 / △△
❷ △△ / △△△ / 3

답 3

1
비교하기

❶ 예

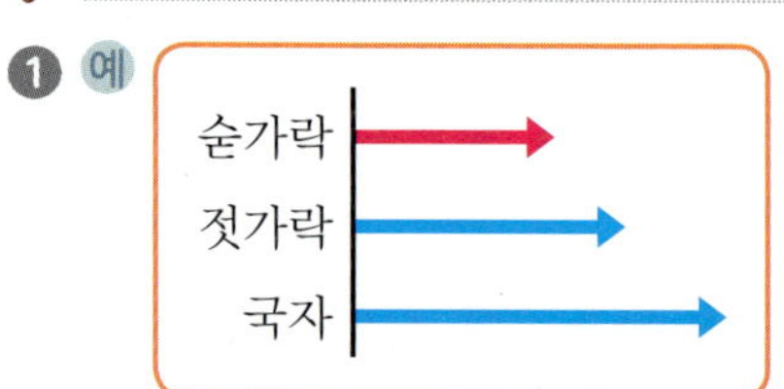

❷ 길이가 긴 물건부터 차례대로 쓰면 국자, 젓가락, 숟가락입니다.

답   국자, 젓가락, 숟가락

2
비교하기

❶

❷ 키가 작은 사람부터 차례대로 앞에서부터 서야 하므로 키가 클수록 뒤에 서야 합니다.
➡ 세 사람 중에서 키가 가장 큰 사람은 가장 뒤에 서 있는 경민이입니다.

답   경민

3
비교하기

❶ 예

연못	저수지	호수

❷ 넓이가 넓은 것부터 차례대로 쓰면 호수, 저수지, 연못입니다.
➡ 연못, 저수지, 호수 중에서 가장 넓은 것은 호수입니다.

답   호수

4
비교하기

❶ 준성이는 윤아보다 더 높은 층에 산다고 했으므로 위 칸에 준성, 아래 칸에 윤아를 써넣습니다.

준성
윤아

❷ 윤아는 세훈이보다 더 낮은 층에 산다고 했으므로 위 칸에 세훈, 아래 칸에 윤아를 써넣습니다.

세훈
윤아

❸ 윤아는 준성이나 세훈이보다 낮은 층에 삽니다.

➡ 세 사람 중에서 가장 낮은 층에 사는 사람은 윤아입니다.

답   윤아

5
비교하기

❶ 축구공 1개의 무게는 야구공 3개의 무게와 같으므로 축구공 1개의 무게는 ⬜⬜⬜로 나타낼 수 있습니다.

❷ 축구공 1개의 무게 대신 ⬜⬜⬜로 나타내면 축구공 3개의 무게는 ⬜⬜⬜⬜⬜⬜⬜⬜⬜ 입니다.
➡ 축구공 3개의 무게는 야구공 9개의 무게와 같습니다.

❸ 축구공 3개의 무게는 야구공 9개의 무게와 같습니다.
➡ 축구공 3개보다 야구공 10개가 더 무겁습니다.

답   야구공 10개

6
비교하기

❶

그린 부분은 각 물건의 길이와 같습니다.

❷ 길이가 긴 물건부터 차례대로 쓰면 색연필, 형광펜, 크레파스입니다.
➡ 크레파스, 색연필, 형광펜 중에서 가장 긴 물건은 색연필입니다.

답   색연필

7
비교하기

❶ **연습장, 달력, 스케치북의 넓이를 비교하여 ⬜로 그리기**

예

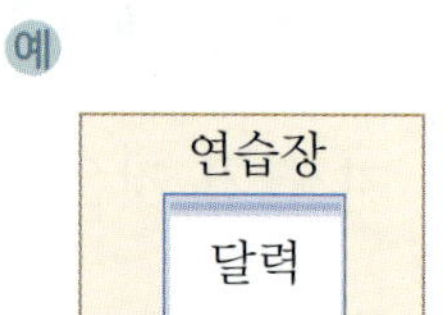

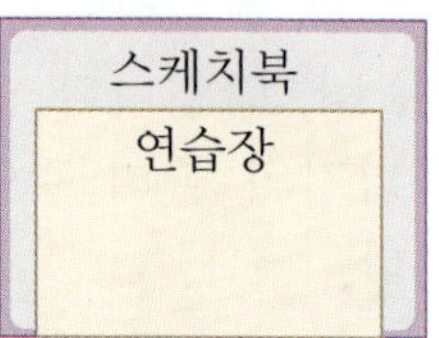

❷ **연습장, 달력, 스케치북 중에서 가장 좁은 것은 어느 것인지 구하기**

넓이가 좁은 것부터 차례대로 쓰면 달력, 연습장, 스케치북입니다.

➡ 연습장, 달력, 스케치북 중에서 가장 좁은 것은 달력입니다.

답 달력

8 비교하기

❶ 땅을 기준선으로 그리고 네 사람의 키를 비교하여 ↥와 같이 그리기

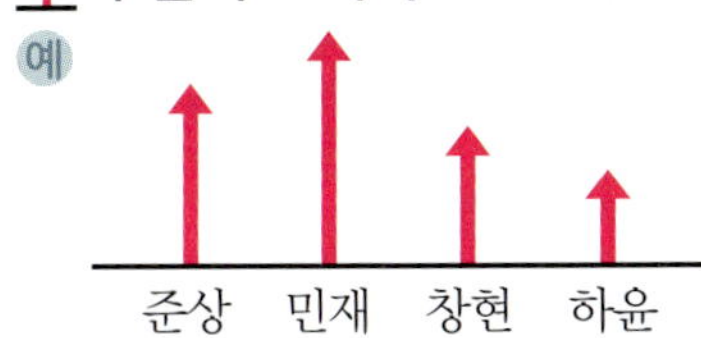

❷ 키가 작은 사람부터 차례대로 이름 쓰기

키가 작은 사람부터 차례대로 쓰면 하윤, 창현, 준상, 민재입니다.

답 하윤, 창현, 준상, 민재

9 비교하기

❶ 로봇 1개의 무게를 □, 인형 1개의 무게를 ○, 장난감 자동차 1개의 무게를 △로 나타내기

로봇 1개의 무게는 인형 4개의 무게와 같으므로 □=○○○○입니다.

인형 1개의 무게는 장난감 자동차 2개의 무게와 같으므로 ○=△△입니다.

❷ 로봇 1개의 무게는 장난감 자동차 몇 개의 무게와 같은지 구하기

□=○○○○에서 ○ 대신 △△로 나타내면 □=○○○○=△△△△△△△△입니다.

➡ 로봇 1개의 무게는 장난감 자동차 8개의 무게와 같습니다.

답 8개

규칙을 찾아 해결하기

익히기 58~59쪽

1 여러 가지 모양

문제 분석 빈 곳에 들어갈  모양은 몇 개

야구공

풀이 ❶ 1, 2, 3 / 1

❷ 4,  / 4

답 4

2 여러 가지 모양

문제 분석 빈 곳에 들어갈 모양과 같은 모양의 물건을 주변에서 1개만 찾아 쓰시오.

풀이 ❶ 

❷ 음료수 캔

답 예 음료수 캔

적용하기 60~63쪽

1 여러 가지 모양

❶ 모양이 반복되는 규칙입니다.

❷ 빈 곳에 들어갈 모양은 다음이므로 모양입니다.

➡ 빈 곳에 들어갈 모양은 1개입니다.

답 1개

2 여러 가지 모양

❶ 모양이 반복되는 규칙입니다.

❷ 빈 곳에 들어갈 모양은 다음이므로 모양입니다.

➡ 모양과 같은 모양은 입니다.

답

3 여러 가지 모양

❶ 모양이 반복되는 규칙입니다.

❷ 빈 곳에 들어갈 모양은 다음이므로 모양을 그립니다.

답

4 여러 가지 모양

❶ 축구공, 휴지, 주사위, 주사위가 반복되는 규칙입니다.

❷ 빈 곳에 놓아야 할 물건은 축구공 다음이므로 휴지입니다.
➡ 휴지와 같은 모양은 모양입니다.

답 

5

❶ 모양이 2개, 3개, 4개로 1개씩 늘어나고, 그 위에 모양이 1개, 2개, 3개로 1개씩 늘어나는 규칙입니다.

❷ 빈 곳에는 모양이 4개 놓인 다음이므로 하나 더 많은 5개가 놓이고, 그 위에 모양이 3개 놓인 다음이므로 하나 더 많은 4개가 놓여야 합니다.

답 모양: 5개, 모양: 4개

6

❶ 모양이 반복되는 규칙입니다.

❷ 규칙에 따라 12번째까지 그려 보면

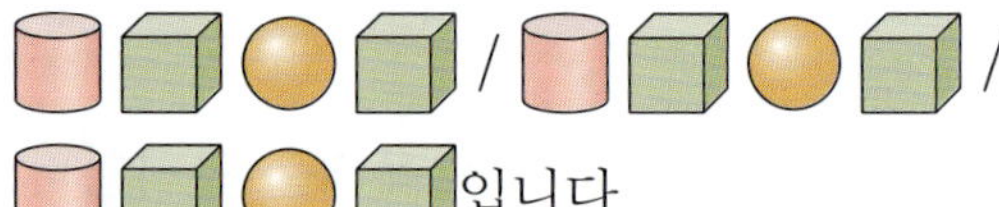

입니다.

➡ 12번째에 놓이는 모양은 모양입니다.

답

7

❶ 위쪽에 놓인 모양의 규칙 찾기

위쪽에 놓인 모양을 살펴보면 모양이 반복되는 규칙입니다.

❷ 20번째의 위쪽에 놓아야 하는 모양과 같은 모양을 찾아 ○표 하기

규칙에 따라 위쪽에 놓아야 하는 모양을 20번째까지 그려 보면

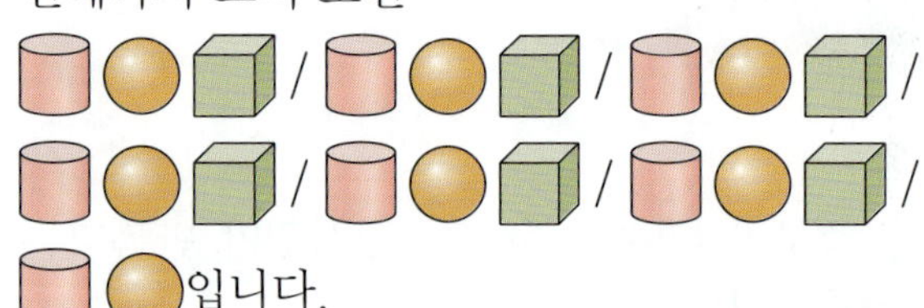

입니다.

➡ 20번째의 위쪽에 놓아야 하는 모양은 모양입니다.

답

8

❶ 보기 에 늘어놓은 모양의 규칙 찾기

, , 모양이 반복되는 규칙입니다.

❷ ㉠, ㉡에 들어갈 물건의 이름 쓰기

㉠에는 모양과 같은 모양의 물건인 농구공을 놓습니다.

㉡에는 모양과 같은 모양의 물건인 지우개를 놓습니다.

답 ㉠: 농구공, ㉡: 지우개

9

❶ , , 모양을 늘어놓은 규칙 찾기

, , , 모양이 반복되는 규칙입니다.

❷ 15번째까지 놓을 때 모양은 모두 몇 개인지 구하기

규칙에 따라 15번째까지 그려 보면

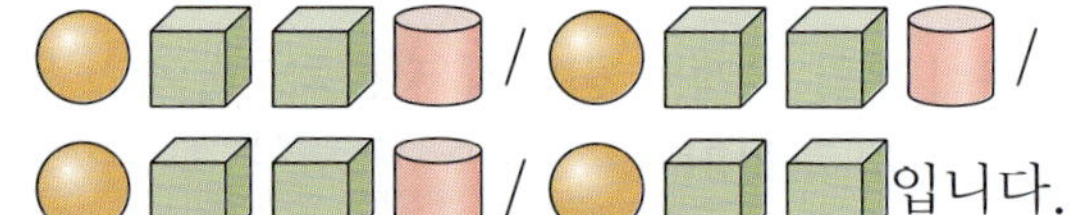

입니다.

➡ 15번째까지 놓을 때 모양은 모두 3개입니다.

답 3개

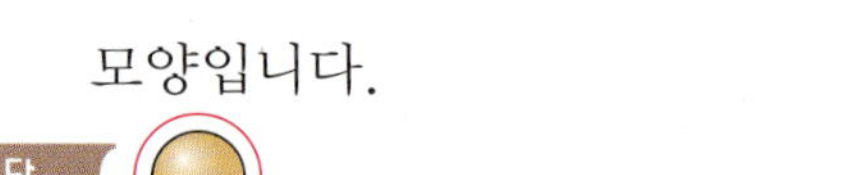

조건을 따져 해결하기

익히기   64~65쪽

1

문제 분석   가와 나 중에서 지민이가 이용한 , , 모양의 수와 같은 것

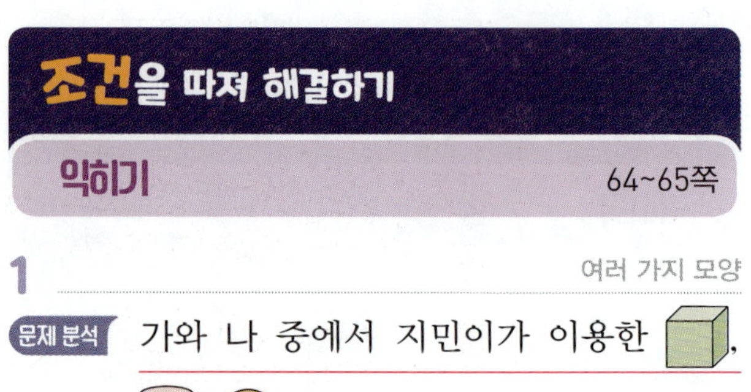

❶ 2, 3
❷ 3, 3, 3 / 3, 2, 3
❸ 나

답 나

2

 준기는 어느 컵의 주스를 마셔야 합니까?
큰

❶ 준기
❷ 같습니다 / 나 / 나
❸ 나

답 나

적용하기   66~69쪽

1

❶ • ⬜ 모양: 시계, 서류함, 두유, 사물함
　　　　→ 4개
　• 🛢 모양: 통조림, 페인트
　　　　→ 2개
　• 🟠 모양: 야구공, 풍선, 구슬
　　　　→ 3개

❷ 많은 모양부터 차례대로 쓰면 ⬜, 🟠, 🛢
모양입니다.
➡ 가장 많은 모양은 ⬜ 모양입니다.

답 ⬜

2

❶ 색칠되지 않은 부분은 가는 8칸, 나는 9칸,
다는 7칸입니다.

❷ 색칠되지 않은 칸의 수가 많을수록 더 넓은
것입니다.
색칠되지 않은 부분이 넓은 것부터 차례대로
기호를 쓰면 나, 가, 다입니다.
➡ 가, 나, 다 중에서 색칠되지 않은 부분이
가장 넓은 것은 나입니다.

답 나

3

❶ 끈을 감은 횟수가 가는 4번, 나는 5번, 다는
3번입니다.

❷ 끈을 감은 횟수가 적을수록 더 짧은 것입니다.
감은 끈의 길이가 짧은 것부터 차례대로 기호
를 쓰면 다, 가, 나입니다.
➡ 감은 끈의 길이가 가장 짧은 것은 다입니다.

답 다

4

❶ 있고, 있습니다 / 

❷ 이용한  모양의 수를 세어 보면 3개입니다.

답 3개

5

❶ 강아지는 토끼보다 더 무겁고, 고양이보다도
더 무거우므로 가장 무겁습니다.

❷ 토끼는 강아지보다 더 가볍고, 고양이보다도
더 가벼우므로 가장 가볍습니다.

❸ 강아지가 가장 무겁고 토끼가 가장 가벼우므
로 무거운 동물부터 차례대로 쓰면 강아지,
고양이, 토끼입니다.

답 강아지, 고양이, 토끼

강아지는 토끼보다
더 무겁습니다.
토끼는 고양이보다
더 가볍습니다.
강아지는 고양이보다
더 무겁습니다.

6

❶ 뾰족한 부분이 없는 것은 🛢 모양과 🟠 모
양입니다.

❷ 🛢 모양과 🟠 모양 중에서 평평한 부분이
없고, 잘 쌓을 수 없는 것은 🟠 모양입니다.

❸ 주변에서 찾을 수 있는 🟠 모양의 물건은 축
구공, 야구공, 구슬 등이 있습니다.

답 예 축구공, 구슬

7

❶ **남긴 물의 양이 적은 사람부터 차례대로 이름 쓰기**
컵의 모양과 크기는 같습니다.
➡ 남긴 물의 양이 적은 사람부터 차례대로 쓰면 민호, 태준, 서윤이입니다.

❷ **물을 가장 많이 마신 친구는 누구인지 구하기**
처음에 있던 물의 양이 같으므로 물을 가장 많이 마신 컵은 가장 적은 물이 남은 컵입니다.
➡ 물을 가장 많이 마신 친구는 민호입니다.

답 민호

8

❶ **▨, △, ◯의 무게 비교하기**
▨ 2개와 △ 1개의 무게가 같으므로 △는 ▨보다 더 무겁습니다.
◯의 무게는 ▨와 △의 무게의 합과 같으므로 ◯는 ▨보다 더 무겁고, △보다 더 무겁습니다.

❷ **가장 무거운 것은 어느 것인지 구하기**
▨보다 △가 더 무겁고, △보다 ◯가 더 무겁습니다.
➡ 가장 무거운 것은 ◯입니다.

답 ◯

9

❶ **평평한 부분이 2개인 모양은 몇 개 필요한지 구하기**
평평한 부분이 2개인 모양은 ⬭ 모양입니다.
➡ ⬭ 모양의 수를 세어 보면 8개입니다.

❷ **평평한 부분이 6개인 모양은 몇 개 필요한지 구하기**
평평한 부분이 6개인 모양은 ⬛ 모양입니다.
➡ ⬛ 모양의 수를 세어 보면 5개입니다.

❸ **평평한 부분이 2개인 모양은 평평한 부분이 6개인 모양보다 몇 개 더 필요한지 구하기**
⬭ 모양은 ⬛ 모양보다 8−5=3(개) 더 필요합니다.

답 3개

도형·측정 마무리하기 1회   70~73쪽

1 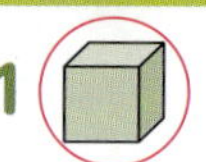
2 시현, 지우, 희윤, 현서
3 가 타일   **4** 파란색 길
5    **6** 8개
7 ㉮ 물통   **8** 보라
9 4개   **10** 3동

---

1 규칙을 찾아 해결하기
◯, ◯, ▥, ▥, ⬛ 모양이 반복되는 규칙입니다.
➡ ◯ 모양 다음이므로 첫 번째 빈 곳에 들어갈 모양은 ◯ 모양, 두 번째 빈 곳에 들어갈 모양은 ▥ 모양, ㉠에 들어갈 모양은 ⬛ 모양입니다.

2 조건을 따져 해결하기
머리끝이 맞추어져 있으므로 가장 높은 곳에 서 있는 사람의 키가 가장 작습니다.
➡ 키가 작은 사람부터 차례대로 이름을 쓰면 시현, 지우, 희윤, 현서입니다.

3 그림을 그려 해결하기
같은 크기의 바닥을 가, 나 타일로 각각 덮은 경우를 그림으로 나타내면 다음과 같습니다.
· 가 타일 6장으로 덮은 경우

· 나 타일 8장으로 덮은 경우

➡ 타일 1장의 넓이를 비교해 보면 가 타일의 넓이가 더 넓습니다.

4 조건을 따져 해결하기

작은 한 칸의 크기가 모두 같으므로 가장 짧은 선의 수가 적을수록 더 가까운 길입니다.

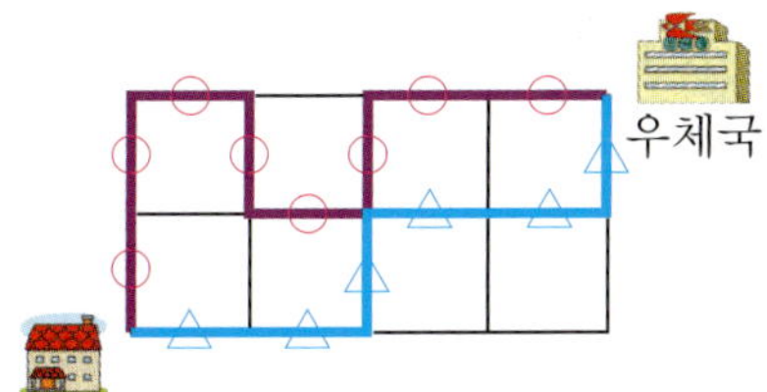

보라색 길의 가장 짧은 선을 ○표 하여 세어 보면 가장 짧은 선은 8개입니다.
파란색 길의 가장 짧은 선을 △표 하여 세어 보면 가장 짧은 선은 6개입니다.
➡ 파란색 길로 가는 것이 더 가깝습니다.

5 조건을 따져 해결하기

모양을 만드는 데 이용한 모양의 수를 세어 보면 다음과 같습니다.

형우: ▨ 모양 5개, ▥ 모양 4개,
◯ 모양 4개

상미: ▨ 모양 5개, ▥ 모양 6개,
◯ 모양 4개

➡ 상미는 형우보다 ▥ 모양을 더 많이 이용하였습니다.

6 규칙을 찾아 해결하기

▨ 모양은 첫 번째 모양에 0개, 두 번째 모양에 2개, 세 번째 모양에 $2+2=4$(개)로 2개씩 늘어나는 규칙입니다.

➡ 네 번째 모양에 ▨ 모양은 $4+2=6$(개),
다섯 번째 모양에 ▨ 모양은 $6+2=8$(개)입니다.

7 조건을 따져 해결하기

옮겨 담은 컵의 수가 많을수록 들어 있던 물의 양이 더 많습니다.
➡ 들어 있던 물의 양이 더 많은 물통은 ㉮ 물통입니다.

참고 물통의 물을 컵에 옮겨 담으면 다음과 같습니다.

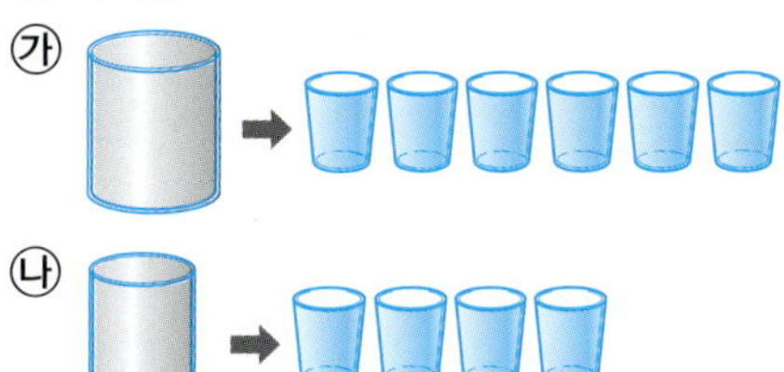

8 조건을 따져 해결하기

민상이는 준현이보다 더 무겁고 보라는 민상이보다 더 가벼우므로 민상이가 가장 무겁습니다.
보라와 준현이의 몸무게를 비교하면 보라보다 준현이가 더 무겁습니다.
➡ 가장 가벼운 사람은 보라입니다.

참고

민상이는 준현이보다 더 무겁습니다.
보라는 민상이보다 더 가볍습니다.
준현이는 보라보다 더 무겁습니다.

9 조건을 따져 해결하기

평평한 부분이 있고 굴리면 잘 굴러가는 모양은 ▥ 모양입니다.
➡ 주어진 모양을 만드는 데 이용한 ▥ 모양은 4개입니다.

10 그림을 그려 해결하기

땅을 기준선으로 그리고 아파트의 높이를 비교하여 ⬆ 와 같이 그리면 다음과 같습니다.

예

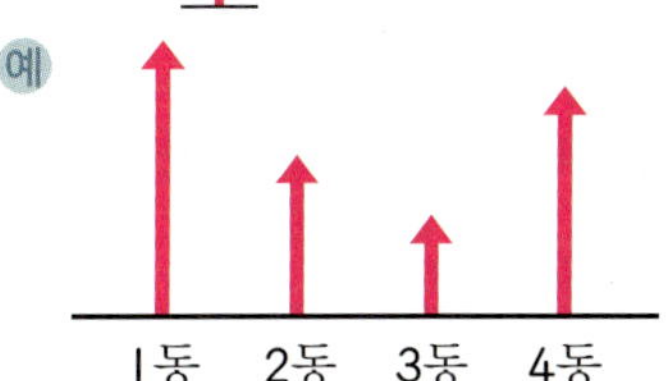

➡ 1동, 2동, 3동, 4동 중에서 가장 낮은 동은 3동입니다.

1 ㉡, ㉣ **2** 가 **3** 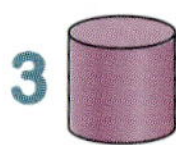

4 감자, 무, 배추 **5** 나

6 나무, 트럭, 신호등, 수미 **7** 6개

8 ㉯, ㉮, ㉰

9 ⬛ 모양: 2개, ⬤ 모양: 9개, ⬤ 모양: 2개

10 나

---

1 조건을 따져 해결하기

민서와 성규가 위와 옆에서 들여다 본 모양은 ⬤ 모양의 일부분입니다.

➡ ⬤ 모양의 물건은 ㉡, ㉣입니다.

참고 ⬤ 모양은 모든 부분이 다 둥글고 뾰족한 부분과 평평한 부분이 없습니다.

2 그림을 그려 해결하기

가와 나를 ◺ 모양으로 나누어 보면 다음과 같습니다.

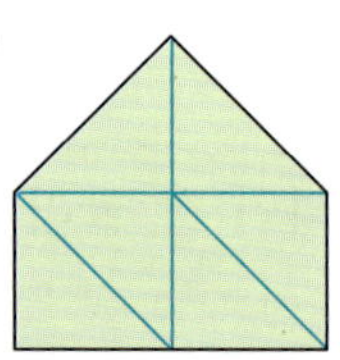

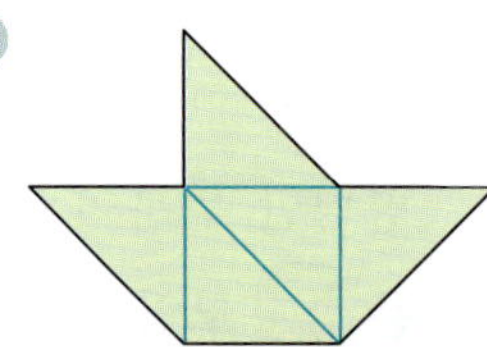

◺ 모양의 개수를 세어 보면 가는 6개, 나는 5개입니다.

◺ 모양의 개수가 많을수록 넓은 것입니다.

➡ 가와 나 중에서 넓이가 더 넓은 것은 가입니다.

3 규칙을 찾아 해결하기

모양은 ⬛, ⬤, ⬤, ⬤이 반복되는 규칙이므로 ⬛, ⬤ 다음에 놓일 모양은 ⬤ 모양입니다.

색깔은 초록색, 보라색, 빨간색이 반복되는 규칙이므로 초록색 다음에 놓일 색은 보라색입니다.

➡ 빈 곳에 들어갈 모양은 ⬤ 모양입니다.

4 조건을 따져 해결하기

배추는 ☐ 6칸과 ◺ 1칸, 감자는 ☐ 7칸과 ◺ 1칸, 무는 ☐ 7칸입니다.

➡ 넓이가 넓은 밭부터 차례대로 쓰면 감자, 무, 배추입니다.

5 조건을 따져 해결하기

모양의 수를 세어 보면 다음과 같습니다.
주어진 모양: ⬛ 모양 3개, ⬤ 모양 3개, ⬤ 모양 3개

가: ⬛ 모양 3개, ⬤ 모양 4개, ⬤ 모양 2개

나: ⬛ 모양 3개, ⬤ 모양 3개, ⬤ 모양 3개

다: ⬛ 모양 4개, ⬤ 모양 2개, ⬤ 모양 3개

➡ 주어진 모양을 모두 이용하여 만든 것은 나입니다.

6 그림을 그려 해결하기

땅을 기준선으로 그리고 수미, 신호등, 나무, 트럭의 높이를 비교하여 ↑와 같이 그리면 다음과 같습니다.

예
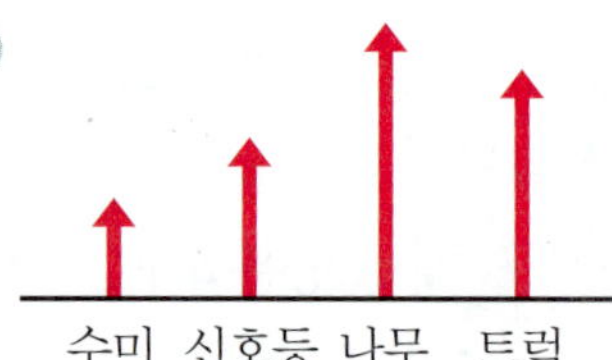

➡ 높은 것부터 차례대로 쓰면 나무, 트럭, 신호등, 수미입니다.

다른 전략 조건을 따져 해결하기

트럭이 멈췄을 때 나무만 보였으므로 나무가 가장 높고 트럭이 두 번째로 높습니다.
또 수미 머리 위로 신호등의 빨간 불이 켜져 있으므로 신호등이 세 번째로 높고 수미가 가장 낮습니다.

➡ 높은 것부터 차례대로 쓰면 나무, 트럭, 신호등, 수미입니다.

참외 1개의 무게를 □, 토마토 1개의 무게를 ○, 자두 1개의 무게를 △로 나타내면 다음과 같습니다.
참외 1개와 토마토 3개의 무게가 같으므로 □=○○○입니다.
토마토 2개와 자두 4개의 무게가 같으므로 ○○=△△△△ ⇨ ○=△△입니다.
➡ □=○○○=△△△△△△이므로 참외 1개의 무게는 자두 6개의 무게와 같습니다.

㉮ 어항에 물이 가득 찼을 때 ㉯ 어항의 물은 가득 차지 않았으므로 ㉯ 어항이 ㉮ 어항보다 더 큽니다.
㉮ 어항에 물이 가득 찼을 때 ㉰ 어항의 물은 넘쳤으므로 ㉮ 어항이 ㉰ 어항보다 더 큽니다.
➡ 물을 많이 담을 수 있는 어항부터 차례대로 기호를 쓰면 ㉯, ㉮, ㉰입니다.

참고 ㉮ 어항에 물이 가득 찼을 때 ㉯ 어항과 ㉰ 어항에 담긴 물의 양을 그림으로 나타내면 다음과 같습니다.

주어진 모양을 만들려면 ▨ 모양은 2개, ▮ 모양은 8개, ● 모양은 3개가 필요합니다.
▮ 모양이 1개 남으므로 지혜가 가지고 있는 ▮ 모양의 수는 필요한 모양의 수보다 1 큰 수입니다.
⇨ ▮ 모양: 9개
● 모양이 1개 부족하므로 지혜가 가지고 있는 ● 모양의 수는 필요한 모양의 수보다 1 작은 수입니다.
⇨ ● 모양: 2개
➡ 지혜가 가지고 있는 ▨ 모양은 2개, ▮ 모양은 9개, ● 모양은 2개입니다.

노란 구슬 1개를 넣으면 물의 높이가 1칸 높아지고, 초록 구슬 1개를 넣으면 물의 높이가 2칸 높아집니다.
노란 구슬 2개를 넣은 가 그릇은 물의 높이가 2칸 높아진 것입니다.
⇨ 노란 구슬을 꺼냈을 때 가 그릇의 물의 높이는 3칸입니다.
초록 구슬 2개를 넣은 나 그릇은 물의 높이가 4칸 높아진 것입니다.
⇨ 초록 구슬을 꺼냈을 때 나 그릇의 물의 높이는 1칸입니다.
➡ 구슬을 모두 꺼냈을 때 물이 더 적게 들어 있는 그릇은 나입니다.

변화와 관계·자료와 가능성 시작하기 80~81쪽

1 ㉡, ㉢, ㉣, ㉧ / ㉢, ㉤, ㉥ / ㉠, ㉣, ㉧ /
4 / 3 / 3

2 (◯)(　　)　　**3** ▨, △

4

5 1　2　3　4　5　6

6 예

나　　　친구

7 5장

2

➡ 모양이 반복되는 규칙입니다.

3 ●, ▨, △ 모양이 반복되는 규칙입니다.
➡ ● 모양 다음에 그려지는 모양은
　 ▨, △ 모양입니다.

4 성재가 던진 두 주사위의 눈의 수의 합은
2+6=8입니다.
지희가 던진 두 주사위의 눈의 수의 합도 8이
므로 지희가 던진 두 주사위 중 나머지 빈 곳
의 주사위의 눈의 수는 8-4=4입니다.
➡ 빈 곳에 주사위의 눈을 4개 그립니다.

5 합이 7이 되는 경우는 1+6=7, 2+5=7,
3+4=7입니다.
➡ 묶을 수 있는 두 수는 1과 6, 2와 5, 3과
　 4입니다.

6 참고 ◯를 그려 가른 다음에는 모아서 15개
가 되는지 확인해 봅니다.

7 한 장은 두 쪽이므로 둘씩 짝을 지어 보면

32, ㉝, 34, ㉟, 36, ㉞, 38, ㊴, 40,
㊶, 42, 43입니다.
➡ 책은 5장이 찢어졌습니다.

표를 만들어 해결하기

익히기　82~83쪽

1　분류하기

문제 분석 가장 많은 학생들이 기르고 싶어 하는
동물
토끼

풀이 ❶ 5, 2, 2
❷ 5, 2, 2, 5 / 강아지

답 강아지

2　방법의 수

문제 분석 지현이가 풍선을 더 적게 가지게 되는
경우는 모두 몇 가지
10 / 적게 / 1

해결 전략 10

풀이 ❶ (위에서부터) 4, 5, 6, 7, 8, 9 /
7, 6, 5, 4, 3, 2, 1
❷ 8 / 3, 7, 4, 6 / 4

답 4

적용하기　84~87쪽

1　분류하기

❶ 4, 3, 2, 1
❷ 학생 수 4, 3, 2, 1 중에서 가장 작은 수는
1입니다.
➡ 가장 적은 학생들이 좋아하는 꽃은 백합입
니다.

답 백합

2

① 4, 3, 2, 1

② 현수가 지호보다 마카롱을 더 많이 먹는 경우
는 다음과 같습니다.
- 현수: 4개, 지호: 3개
- 현수: 5개, 지호: 2개
- 현수: 6개, 지호: 1개
➡ 현수가 더 많이 먹게 되는 경우는 모두
3가지입니다.

답 3가지

3

① 좋아하는 간식의 종류는 김밥, 피자, 떡볶이,
햄버거로 모두 4가지입니다.

② (위에서부터) 떡볶이, 햄버거 /
2, 3, 3, 4

③ 학생 수 2, 3, 3, 4 중에서 가장 큰 수는 4
입니다.
➡ 인기가 가장 많은 간식은 햄버거입니다.

④ 학생 수 2, 3, 3, 4 중에서 가장 작은 수는
2입니다.
➡ 인기가 가장 적은 간식은 김밥입니다.

⑤ 햄버거를 좋아하는 학생은 4명, 김밥을 좋아
하는 학생은 2명입니다.
➡ 인기가 가장 많은 간식과 인기가 가장 적
은 간식의 학생 수의 차는 4−2=2(명)
입니다.

답 2명

4

① (위에서부터) 빨간색, 빨간색 /
파란색, 검은색, 파란색, 검은색

② 티셔츠 1벌과 바지 1벌을 입을 수 있는 방법
은 모두 4가지입니다.

답 4가지

5

① (위에서부터) 0, 1, 2, 3, 4 /
8, 6, 4, 2, 0
가위바위보를 모두 8번 하였고, 비기는 경우
는 없었습니다.

➡ 서연이가 이긴 횟수와 진우가 이긴 횟수의
합은 8번입니다.

② 서연이가 2번 더 이긴 경우는 ①에서 이긴 횟
수의 차가 2번일 때입니다.
➡ 서연이가 2번 더 이겼을 때 진우는 3번 이
겼습니다.

답 3번

6

① 주사위를 10번 굴려서 나온 결과를 세어 표로
나타내기

주사위의 눈	⚀	⚁	⚂	⚃	⚄	⚅
횟수(번)	1	3	2	1	2	1

② 가장 많이 나온 주사위의 눈 구하기
횟수 1, 3, 2, 1, 2, 1 중에서 가장 큰 수는
3입니다.
➡ 가장 많이 나온 주사위의 눈은 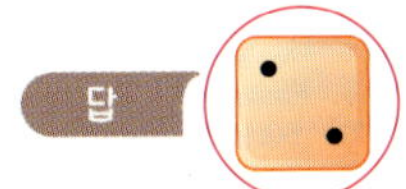입니다.

답 ⚁

7

① 자석 수를 세어 표로 나타내기

종류	한글	한자	숫자
자석	가, 나, 하	日, 月, 木	1, 2, 3, 8, 9
자석 수(개)	3	3	5

② 가장 많은 자석 구하기
자석 수 3, 3, 5 중에서 가장 큰 수는 5입니다.
➡ 가장 많은 자석은 숫자입니다.

답 숫자

8

① 16을 두 수로 가르는 경우를 표로 나타내기

16	1	2	3	4	5	6	7	8
	15	14	13	12	11	10	9	8

16	9	10	11	12	13	14	15
	7	6	5	4	3	2	1

❷ 책꽂이 한 칸에 몇 권을 꽂아야 하는지 구하기
16을 가른 두 수가 같은 경우는 8과 8입니다.
➡ 주원이는 책꽂이 한 칸에 8권을 꽂아야 합니다.

답 8권

규칙을 찾아 해결하기

익히기 88~89쪽

1 규칙 찾기

문제 분석 ○에 알맞은 구슬의 색깔
보라색, 노란색

풀이 ❶

보라색, 노란색 / 1
❷ 보라색, 보라색

답 보라색, 보라색

2 규칙 찾기

문제 분석 ♣와 ♠에 알맞은 수

풀이 ❶ 2 / 10
❷

2	4	6	8	10
12	14	16	18	20
22	24	26	28	30
32	34	36	38	40

18, 40

답 18, 40

적용하기 90~93쪽

1 규칙 찾기

❶ 라고 하면 ①, ②, ③, ④의 순서대로 색칠합니다.

❷ 다음에 올 무늬는 입니다.

답

2 규칙 찾기

❶ 아이스크림의 색깔은 연두색, 분홍색, 갈색이 반복되는 규칙입니다.

❷ , 다음에 올 아이스크림은 입니다.

답

3 규칙 찾기

❶ (가), (나), (다), (라)에 모양이 몇 개씩 늘어나는지 알아보면

(가) (나) (다) (라)
1   3   5   7
2 커짐 2 커짐 2 커짐

➡ 모양을 2개씩 늘어나게 쌓는 규칙입니다.

❷ (라)에 쌓인 모양이 7개이므로 (마)에는 (라)보다 2개 더 많은 9개의 모양을 쌓아야 합니다.

답 9개

4 규칙 찾기

❶ 1, 3, 5, 3이 반복되는 규칙입니다.

❷ ☆은 1, 3, 5, 3 다음이므로 1이고, ♥는 1, 3 다음이므로 5입니다.

❸ ☆＋♥＝1＋5＝6

답 6

5 규칙 찾기

❶ 위와 아래의 두 수 1과 7, 4와 4, 0과 8을 각각 더하면 1＋7＝8, 4＋4＝8, 0＋8＝8입니다.

➡ 위와 아래의 두 수를 더하면 8이 되는 규칙입니다.

❷ 7+□=8이므로 □=8−7=1입니다.
□+5=8이므로 □=8−5=3입니다.
2+□=8이므로 □=8−2=6입니다.
6+□=8이므로 □=8−6=2입니다.

답 (위에서부터) 3 / 1, 6, 2

---

6 규칙 찾기

❶ 보이지 않는 부분에도 달걀이 있으므로 달걀은 1줄, 2줄, 3줄, 4줄일 때 5개씩 늘어나는 규칙입니다.

❷ 5　　10　　15　　20
　　5 커짐　5 커짐　5 커짐

➡ 달걀판에 있는 달걀은 모두 20개입니다.

답 20개

---

7 규칙 찾기

❶ 수의 규칙 찾기
- 마주 보는 두 수를 모으면 가운데 수가 됩니다.
- 가운데 수는 마주 보는 두 수로 가를 수 있습니다.

❷ 빈 곳에 알맞은 수 써넣기

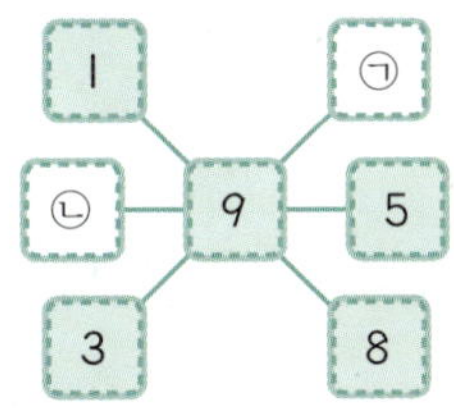

9는 3과 6으로 가를 수 있고 3과 6을 모으면 9입니다. ➡ ㉠=6
9는 5와 4로 가를 수 있고 5와 4를 모으면 9입니다. ➡ ㉡=4

답 (위에서부터) 6, 4

---

8 규칙 찾기

❶ 수 42, 39, 36에서 규칙 찾기
42　　39　　36
　3 작아짐　3 작아짐

➡ 바로 앞의 수보다 3씩 작아지는 규칙입니다.

❷ 빈 곳에 알맞은 수 써넣기

답 (왼쪽에서부터) 45, 33, 24

---

9 규칙 찾기

❶ 늘어놓은 우산의 규칙 찾기
빨간색, 노란색, 파란색, 노란색 우산이 반복되는 규칙입니다.

❷ 15번째에 놓이는 우산을 찾아 ○표 하기
규칙에 따라 15번째까지 그려 보면

➡ 15번째에 놓이는 우산은 입니다.

답 

조건을 따져 해결하기

익히기 94~95쪽

1 방법의 수

문제 분석 만들 수 있는 몇십몇은 모두 몇 개
2

풀이 ❶ 42 / 32 / 34, 43 / 42, 32, 34, 43
❷ 6

답 6

---

2 방법의 수

문제 분석 이 나타내는 수

같은

풀이 ❶ 11 / 1 / 1, 1, 3 / 3, 3, 2
❷ 2, 1, 21

답 21

적용하기

1
방법의 수

❶ 주사위에는 1부터 6까지의 수가 쓰여 있으므로 나올 수 있는 눈의 수는 1, 2, 3, 4, 5, 6입니다.
➡ 나올 수 있는 눈의 수 중에서 가장 큰 수는 6이고, 가장 작은 수는 1입니다.

❷ 가장 큰 수와 가장 작은 수의 합은 $6+1=7$입니다.

답 7

2
방법의 수

❶ 5와 5를 모으면 10이고 10은 10개씩 묶음 1개와 같으므로 10개씩 묶음 3개와 낱개 4개입니다.

❷ 10개씩 묶음 3개와 낱개 4개인 수는 34입니다.
➡ 종현이의 점수는 34점입니다.

답 34점

3
방법의 수

❶ 수 카드 1, 2로 만들 수 있는 몇십몇:
12, 21
수 카드 1, 3으로 만들 수 있는 몇십몇:
13, 31
수 카드 2, 3으로 만들 수 있는 몇십몇:
23, 32
➡ 지우가 만들 수 있는 몇십몇은
12, 13, 21, 23, 31, 32입니다.

❷ ❶에서 만든 몇십몇 중에서 30보다 작은 수는 12, 13, 21, 23이므로 모두 4개입니다.

답 4개

4
방법의 수

❶ 10개씩 묶음의 수에 2를 쓰는 수는 20, 21, 22, 23, 24, 25, 26, 27, 28, 29입니다.

❷ 낱개의 수에 2를 쓰는 수는 2, 12, 22, 32, 42입니다.

❸ 10개씩 묶음의 수에 2를 쓰는 수는 10개이고 낱개의 수에 2를 쓰는 수는 5개입니다.
➡ 1부터 50까지의 수를 순서대로 쓸 때 숫자 2는 모두 15번 씁니다.

답 15번

5
방법의 수

❶ 나올 수 있는 합 중에서 가장 큰 수는 가장 큰 수와 두 번째로 큰 수가 적힌 공을 꺼내는 경우입니다. ➡ $5+4=9$

❷ 나올 수 있는 합 중에서 가장 작은 수는 가장 작은 수와 두 번째로 작은 수가 적힌 공을 꺼내는 경우입니다. ➡ $1+3=4$

❸ 나올 수 있는 합 중에서 가장 큰 수와 가장 작은 수의 차는 $9-4=5$입니다.

답 5

6
방법의 수

❶ ☁☁은 10개씩 묶음의 수와 낱개의 수가 같으므로 44입니다. ➡ ☁=4
☁★에서 ☁에 4를 넣으면
4★=41입니다. ➡ ★=1
★☾에서 ★에 1을 넣으면
1☾=13입니다. ➡ ☾=3

❷ ☾=3, ☁=4이므로 ☾☁이 나타내는 수는 34입니다.

답 34

7
방법의 수

❶ **가장 작은 수의 10개씩 묶음의 수 구하기**
10개씩 묶음의 수가 될 수 있는 것은 3, 1, 5이고 이 중에서 가장 작은 수는 1이므로 10개씩 묶음의 수는 1이 되어야 합니다.

❷ **가장 작은 수의 낱개의 수 구하기**
낱개의 수가 될 수 있는 것은 7, 4이고 이 중에서 더 작은 수는 4이므로 낱개의 수는 4가 되어야 합니다.

❸ **만들 수 있는 몇십몇 중에서 가장 작은 수 구하기**

10개씩 묶음의 수는 1, 낱개의 수는 4이므로
만들 수 있는 가장 작은 몇십몇은 14입니다.

답 14

8
방법의 수

❶ 지현이가 얻은 점수 구하기

지현이가 주사위를 던져 얻은 점수는 1점,
10점, 1점입니다.

➡ 10개씩 묶음 1개와 낱개 2개인 수는 12
이므로 지현이가 얻은 점수는 12점입니다.

❷ 재현이가 얻은 점수 구하기

재현이가 주사위를 던져 얻은 점수는 10점,
1점, 10점입니다.

➡ 10개씩 묶음 2개와 낱개 1개인 수는 21
이므로 재현이가 얻은 점수는 21점입니다.

❸ 점수가 더 높은 사람은 누구인지 구하기

21이 12보다 크므로 점수가 더 높은 사람은
재현이입니다.

답 (앞에서부터) 1, 10, 1 / 10, 1, 10 /
재현

변화와 관계·자료와 가능성 마무리하기 1회 100~103쪽

1 축구	**2** 9개
3 $\cancel{4}+2+5=7$	**4** 7
5 4가지	**6** ◯ ●
7 8가지	**8** 4개
9 15	**10** 4계단

1 표를 만들어 해결하기

배우고 있는 운동에 따라 학생 수를 세어 표
로 나타내면 다음과 같습니다.

운동	태권도	축구	야구	수영
학생 수(명)	4	5	1	2

➡ 가장 많은 학생들이 배우고 있는 운동은 축
구입니다.

2 그림을 그려 해결하기

윤지가 처음에 가지고 있던 바둑돌은
◯◯◯◯◯◯◯◯입니다.
이 중에서 흰색 바둑돌 1개를 검은색 바둑돌

3개로 바꾸었으므로
윤지가 가지고 있는 바둑돌은
◯◯◯◯◯◯●●●입니다.

➡ 윤지가 가지고 있는 바둑돌은 모두 9개입
니다.

3 예상과 확인으로 해결하기

수를 하나씩 지우면서 계산 결과를 확인합니
다.
[예상 1] $4+2+\cancel{5}=6\ (\times)$
[예상 2] $4+\cancel{2}+5=9\ (\times)$
[예상 3] $\cancel{4}+2+5=7\ (\bigcirc)$
➡ 필요 없는 수는 4이므로 4에 ✕표 합니다.

4 규칙을 찾아 해결하기

(가)에서 1+2=3, (나)에서 2+3=5이므
로 자동차 바퀴에 있는 두 수의 합이 창문에
있는 수와 같은 규칙입니다.

➡ (다)에서 3+4=7이므로 ⌓ 안에
알맞은 수는 7입니다.

5 표를 만들어 해결하기

⬭ 모양 1개와 ⬜ 모양 1개를 살 수 있는
방법을 표로 나타내면 다음과 같습니다.

⬭ 모양	⬜ 모양
빨간색	노란색
빨간색	파란색
초록색	노란색
초록색	파란색

➡ 영철이가 ⬭ 모양 1개와 ⬜ 모양 1개를
살 수 있는 방법은 모두 4가지입니다.

6 규칙을 찾아 해결하기

◯●●◯이 반복되는 규칙입니다.
➡ ⬜ 안에는 ● ◯ 다음, ● ◯ 앞이므로
◯●입니다.

7 표를 만들어 해결하기

9를 두 수로 가르는 경우를 표로 나타내면 다
음과 같습니다.

9	1	2	3	4	5	6	7	8
	8	7	6	5	4	3	2	1

앞의 표에서 9를 가를 수 있는 방법은 모두 8
가지입니다.
➡ 희연이와 현주가 종이배를 나누어 가지는
방법은 모두 8가지입니다.

8 조건을 따져 해결하기

수 카드 2 , 1 로 만들 수 있는 몇십몇:
12, 21
수 카드 2 , 4 로 만들 수 있는 몇십몇:
24, 42
수 카드 1 , 4 로 만들 수 있는 몇십몇:
14, 41
➡ 만들 수 있는 몇십몇 중에서 12와 42 사
이의 수는 14, 21, 24, 41이므로 모두
4개입니다.

주의 12와 42 사이의 수이므로 12와 42는
포함되지 않습니다.

9 규칙을 찾아 해결하기

9, 11에서 2만큼 커졌으므로
9−11−13−⑮−17입니다. ➡ ㉠=15
10, 8에서 2만큼 작아졌으므로
⑯−14−12−10−8입니다. ➡ ㉡=16
27, 24에서 3만큼 작아졌으므로
27−24−㉑−18−15입니다. ➡ ㉢=21
15, 16, 21 중에서 10개씩 묶음의 수는
15와 16이 21보다 작고,
15와 16의 낱개의 수는 15가 16보다 작습
니다.
➡ 15, 16, 21 중에서 가장 작은 수는 15
입니다.

10 조건을 따져 해결하기

혜진이가 3번 이기고 1번 졌으므로 올라간 계
단 수는 3 → 3 → 3 → 1에서 10계단입니다.
성훈이가 3번 지고 1번 이겼으므로 올라간 계
단 수는 1 → 1 → 1 → 3에서 6계단입니다.
➡ 10은 6과 4로 가를 수 있으므로 혜진이
는 성훈이보다 4계단 위에 있습니다.

1 4가지　　**2** 15개　　**3** 3명
4 준호　　**5** 12바퀴
6 4와 7, 4와 8, 5와 8
7 (위에서부터) 7 / 7, 8, 9 / 9, 11, 13
8 6개
9 은영: 초콜릿 맛, 민재: 바닐라 맛,
윤지: 딸기 맛
10 마트, 약국, 공원

1 조건을 따져 해결하기

학교에서 집까지 가는 방법은 다음과 같습니다.
학교 → 우체국 → 문구점 → 집
학교 → 우체국 → 편의점 → 집
학교 → 도서관 → 문구점 → 집
학교 → 도서관 → 편의점 → 집
➡ 학교에서 집까지 가는 방법은 모두 4가지
입니다.

2 규칙을 찾아 해결하기

(가), (나), (다)의 점이 몇 개씩 늘어나는지 규
칙을 찾아보면
(가)　　(나)　　(다)
3　　　6　　　9
　　3 커짐　3 커짐
➡ 점을 3개씩 늘어나게 찍는 규칙입니다.
(가)　(나)　(다)　(라)　(마)
3　　6　　9　　12　　15
　3 커짐　3 커짐　3 커짐　3 커짐
➡ (마)에는 모두 15개의 점을 찍어야 합니다.

3 조건을 따져 해결하기

여름을 좋아하는 학생이 2명이므로 겨울을
좋아하는 학생은 2−1=1(명)입니다.
9명 중 2명은 여름, 1명은 겨울을 좋아하므
로 여름과 겨울을 좋아하는 학생 수의 합은
2+1=3(명)입니다.
봄을 좋아하는 학생 수와 가을을 좋아하는 학
생 수의 합은 9−3=6(명)입니다.
➡ 6을 3과 3으로 가를 수 있으므로 봄을 좋
아하는 학생은 3명입니다.

은수가 동전을 던져 얻은 점수는 10점, 1점,
1점, 1점, 10점입니다.
▷ 10개씩 묶음 2개와 낱개 3개인 수는 23
이므로 은수가 얻은 점수는 23점입니다.
준호가 동전을 던져 얻은 점수는 1점, 10점,
10점, 10점, 10점입니다.
▷ 10개씩 묶음 4개와 낱개 1개인 수는 41
이므로 은수가 얻은 점수는 41점입니다.
➡ 41은 23보다 크므로 점수가 더 높은 사
람은 준호입니다.

민진이가 운동장을 도는 횟수에 따라 세희가
도는 횟수를 표로 나타내면 다음과 같습니다.

민진이가 도는 횟수(바퀴)	2	4	6	8
세희가 도는 횟수(바퀴)	3	6	9	12

➡ 민진이가 8바퀴를 돌았다면 세희는 12바
퀴를 돕니다.

4, 5, 6, 7, 8 중에서 2장을 골라 뺄
셈식을 만들면 다음과 같습니다.
$8-4=4$, $8-5=3$, $8-6=2$, $8-7=1$,
$7-4=3$, $7-5=2$, $7-6=1$,
$6-4=2$, $6-5=1$, $5-4=1$
이 중에서 차가 2보다 큰 경우는 $8-4=4$,
$8-5=3$, $7-4=3$입니다.
➡ 차가 2보다 큰 두 수는 4와 7, 4와 8, 5
와 8입니다.

각 줄의 맨 왼쪽에서 오른쪽으로 1씩 커지고
있습니다.
각 줄에서 맨 왼쪽의 수는 바로 윗줄의 맨 왼
쪽의 수보다 2씩 커지고 있습니다.
셋째 줄: $5 - 6 - ⑦$
넷째 줄: 5보다 2 큰 수는 7이므로 7부터 1
씩 커집니다.
➡ ⑦ $-$ ⑧ $-$ ⑨ $-$ 10
다섯째 줄: 7보다 2 큰 수는 9이므로 9부터
1씩 커집니다.
➡ ⑨ $-$ 10 $-$ ⑪ $-$ 12 $-$ ⑬

현빈이가 동생에게 주는 사탕 수에 따라 현빈
이와 동생의 사탕 수를 표로 나타내면 다음과
같습니다.

동생에게 주는 사탕 수(개)	1	2	3	4	5	6
현빈이의 사탕 수(개)	12	11	10	9	8	7
동생의 사탕 수(개)	2	3	4	5	6	7

➡ 현빈이와 동생이 사탕을 똑같이 가지려면 현
빈이가 동생에게 사탕을 6개 주어야 합니다.

아이스크림을 먹은 사람에 ○표, 먹지 않은 사
람에 ×표 하여 표를 만들면 다음과 같습니다.

	은영	민재	윤지
바닐라 맛	×	○	×
초콜릿 맛	○	×	×
딸기 맛	×	×	○

➡ 은영이는 초콜릿 맛, 민재는 바닐라 맛, 윤
지는 딸기 맛 아이스크림을 먹고 있습니다.

집에서 약국, 공원, 마트를 가는 길을 선으로
나타내면 다음과 같습니다.

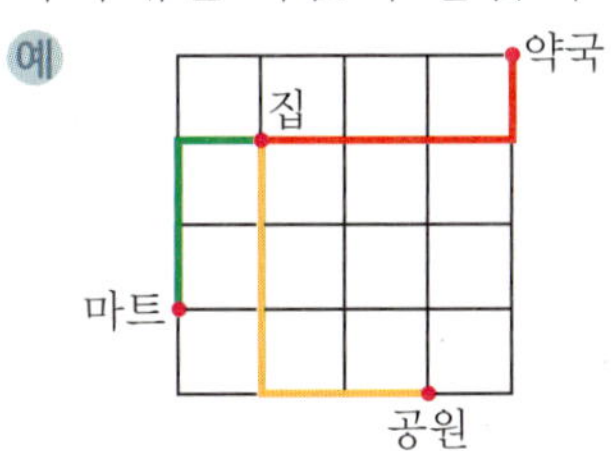

가장 짧은 선의 길이가 모두 같으므로 선을
따라 가장 짧은 선의 수가 적을수록 더 가까
운 길입니다.
선을 따라 가장 짧은 선의 수를 세어 보면
집에서 약국까지는 4개, 집에서 공원까지는
5개, 집에서 마트까지는 3개입니다.
➡ 거리가 가까운 곳부터 차례대로 쓰면 마
트, 약국, 공원입니다.

참고 집에서 약국, 공원, 마트를 가는 가장 가까
운 길은 여러 가지가 있지만 거리는 모두 같습
니다.

01 7, 8 **02** 정미 **03** 7개
04 4명 **05** 8개 **06** 나
07 흰색
08 (위에서부터) 6, 4 / 5, 10, 5
09 혜경, 2개 **10** 4 **11** 유리병
12 승아 **13** 4개 **14** 연경
15 3권 **16** 지우개 **17** 14가지
18 4개 **19** 9
20 30, 31, 32

01

1부터 9까지의 수 중에서 6보다 큰 수는 7, 8, 9입니다.
4와 9 사이의 수는 5, 6, 7, 8입니다.
➡ 두 조건을 모두 만족하는 수는 7, 8입니다.

02

상자 속에 들어 있는 물건은  모양입니다.
모양은 평평한 부분도 있고 둥근 부분도 있습니다.
또 눕혀서 굴려야 잘 굴러가므로 한 방향으로만 잘 굴러갑니다.
➡ 잘못 설명한 학생은 정미입니다.

03

윤정이가 나누어준 사탕을 ◯로 그리면 다음과 같습니다.

| ◯◯ | ◯◯ | ◯◯ | ◯ |

➡ 윤정이가 처음에 가지고 있던 사탕은
6+1=7(개)입니다.

04

하연이네 반 25명을 번호 순서대로 나타내면 다음과 같습니다.
(앞) 1, 2, ……, ⑯, 17, 18, 19, 20,
하연
㉑, 22, 23, 24, 25 (뒤)
현수
➡ 16번과 21번 사이의 학생은 17번, 18번, 19번, 20번이므로 모두 4명입니다.

05

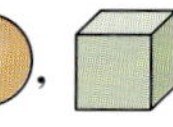, 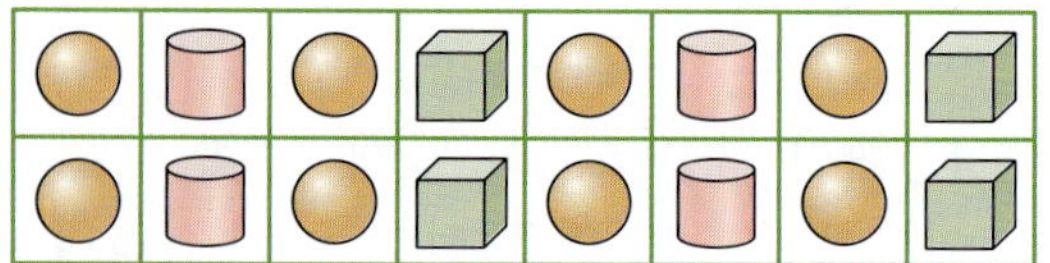 모양이 반복되는 규칙입니다.
규칙에 따라 빈 곳에 들어갈 모양을 그려 보면 다음과 같습니다.

➡ 모양은 모두 8개가 됩니다.

06

가를 나와 같은 작은 △ 모양으로 나누어 보면 다음과 같습니다.

가 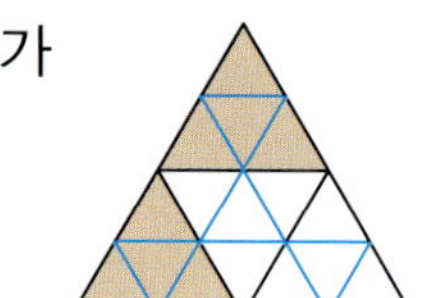 나 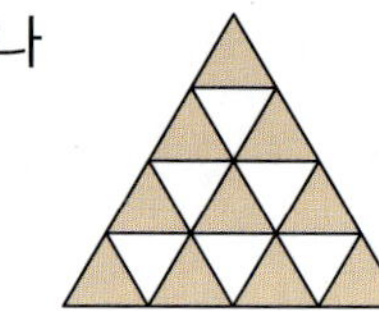

색칠한 작은 △ 모양의 개수를 세어 보면 가는 8개, 나는 10개입니다.
△ 모양의 개수가 많을수록 더 넓은 것입니다.
➡ 가와 나 중에서 색칠한 부분이 더 넓은 것은 나입니다.

07

티셔츠의 색깔의 종류에는 흰색, 빨간색, 노란색이 있습니다.
티셔츠의 색깔에 따라 학생 수를 세어 표로 나타내면 다음과 같습니다.

색깔	흰색	빨간색	노란색
학생 수(명)	5	4	4

➡ 가장 많은 학생들의 티셔츠의 색깔은 흰색입니다.

08

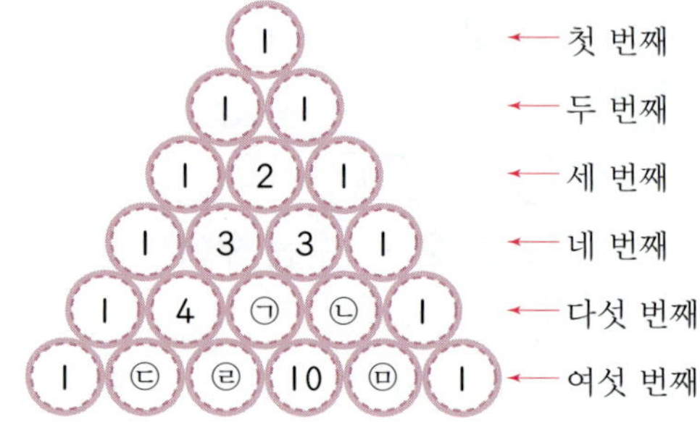

두 번째 줄의 1과 1을 모은 수를 세 번째 줄에 씁니다.
세 번째 줄의 1과 2를 모은 수를 네 번째 줄에 씁니다.
네 번째 줄의 1과 3을 모은 수를 다섯 번째 줄에 씁니다.
➡ 빈 곳 바로 위의 두 수를 모은 수를 빈 곳에 쓰는 규칙입니다.
3과 3을 모으면 6이므로 ㉠에 알맞은 수는 6입니다.
3과 1을 모으면 4이므로 ㉡에 알맞은 수는 4입니다.
1과 4를 모으면 5이므로 ㉢에 알맞은 수는 5입니다.
4와 6을 모으면 10이므로 ㉣에 알맞은 수는 10입니다.
4와 1을 모으면 5이므로 ㉤에 알맞은 수는 5입니다.

09

(현수가 접은 종이비행기 수)
＝(노란 종이비행기 수)
　＋(파란 종이비행기 수)
＝3＋4＝7(개)
(혜경이가 접은 종이비행기 수)
＝(노란 종이비행기 수)
　＋(파란 종이비행기 수)
＝2＋7＝9(개)
➡ 9가 7보다 크므로 혜경이가 현수보다 종이비행기를 9－7＝2(개) 더 많이 접었습니다.

10

■에 3을 넣으면
■＋■＝3＋3＝6 ➡ ●＝6
●＋■＝6＋3＝9 ➡ ◆＝9
◆－5＝9－5＝4 ➡ ♥＝4

11

그릇의 크기가 클수록 물을 붓는 횟수가 더 적습니다.
➡ 유리병은 5번, 컵은 6번 부었으므로 물을 더 많이 담을 수 있는 것은 유리병입니다.

12

땅을 기준선으로 그리고 네 사람의 키를 비교하여 ↑와 같이 그리면 다음과 같습니다.

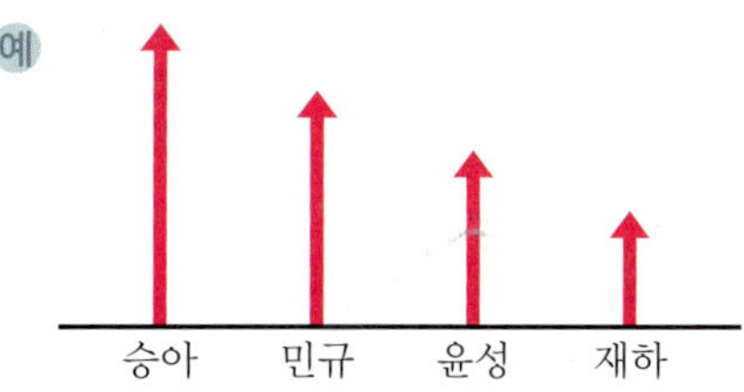

키가 큰 사람부터 차례대로 쓰면 승아, 민규, 윤성, 재하입니다.
➡ 키가 가장 큰 사람은 승아입니다.

13

수 카드 0 , 2 로 만들 수 있는 몇십몇:
20
수 카드 0 , 3 으로 만들 수 있는 몇십몇:
30
수 카드 2 , 3 으로 만들 수 있는 몇십몇:
23, 32
➡ 만들 수 있는 몇십몇은 20, 23, 30, 32 이므로 모두 4개입니다.

14

낱개 25개는 10개씩 묶음 2개와 낱개 5개이므로 10개씩 묶음 2개와 낱개 25개는 10개씩 묶음 4개와 낱개 5개입니다.
▷ 석호는 도토리를 45개 주웠습니다.
낱개 11개는 10개씩 묶음 1개와 낱개 1개이므로 10개씩 묶음 3개와 낱개 11개는 10개씩 묶음 4개와 낱개 1개입니다.
▷ 연경이는 도토리를 41개 주웠습니다.
➡ 41이 45보다 작으므로 도토리를 더 적게 주운 사람은 연경이입니다.

15

(수미에게 빌려주기 전의 위인전 수)
＝(지금 혜민이네 집에 있는 위인전 수)
　＋(수미에게 빌려준 위인전 수)
＝3＋2＝5(권)

8−(윤아에게 빌려준 위인전 수)=5에서
8−3=5이므로 윤아에게 빌려준 위인전은
3권입니다.

참고

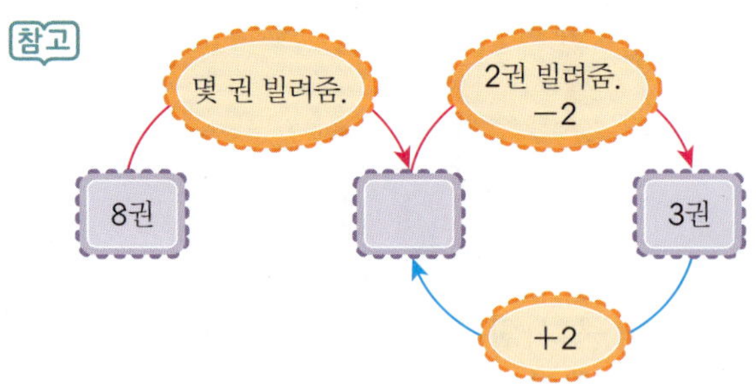

16

왼쪽 저울에서 가위 1개와 풀 2개의 무게가
같으므로 풀 1개는 가위 1개보다 더 가볍습
니다.
오른쪽 저울에서 지우개 1개는 풀 1개보다 더
가볍습니다.
➡ 가벼운 것부터 차례대로 쓰면 지우개, 풀,
　가위이므로 한 개의 무게가 가장 가벼운
　것은 지우개입니다.

17

15를 두 수로 가르는 경우를 표로 나타내면
다음과 같습니다.

15	1	2	3	4	5	6	7
	14	13	12	11	10	9	8

15	8	9	10	11	12	13	14
	7	6	5	4	3	2	1

위의 표에서 15를 가를 수 있는 방법은 모두
14가지입니다.
➡ 상우와 동생이 팽이를 나누어 가지는 방법
　은 모두 14가지입니다.

18

주어진 모양을 만들려면 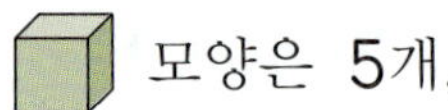 모양은 5개,

모양은 3개, 모양은 4개 필요합니다.

모양은 남은 것이 없으므로 가지고 있는
모양은 5개입니다.

모양은 1개 남았으므로 가지고 있는 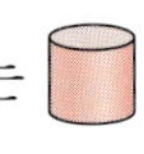
모양은 4개입니다.

모양은 2개 남았으므로 가지고 있는
모양은 6개입니다.
➡ 가지고 있는 모양 중에서 가장 적은 모양은
　모양으로 4개입니다.

19

거꾸로 생각하면 왼쪽으로 한 칸 갈 때마다 1씩
작아지고 위쪽으로 한 칸 갈 때마다 3씩 커집
니다.
규칙에 따라 빈 곳에 알맞은 수를 써넣으면
다음과 같습니다.

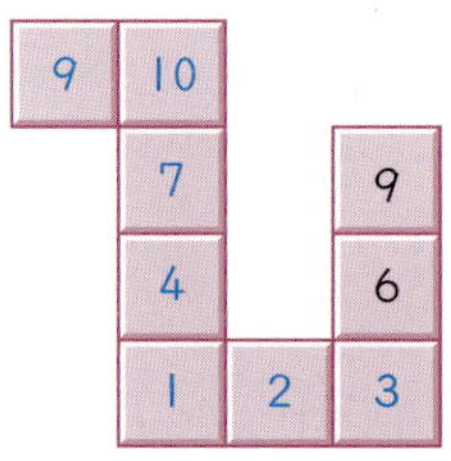

➡ ㉠에 알맞은 수는 9입니다.

20

30부터 39까지의 수는 30, 31, 32, 33,
34, 35, 36, 37, 38, 39입니다.
이 수 중에서 낱개의 수가 7보다 작은 수는
30, 31, 32, 33, 34, 35, 36입니다.
이 수 중에서 10개씩 묶음의 수가 낱개의 수
보다 큰 수는 30, 31, 32입니다.
➡ 세 가지 조건을 모두 만족하는 수는 30,
　31, 32입니다.

문제 해결의 길잡이 _{원리}

수학 1-1

www.mirae-n.com

학습하다가 이해되지 않는 부분이나 정오표 등의
궁금한 사항이 있나요?
미래엔 홈페이지에서 해결해 드립니다.

교재 내용 문의
나의 교재 문의 | 자주하는 질문 | 기타 문의

교재 자료 및 정답
동영상 강의 | 쌍둥이 문제 | 정답과 해설 | 정오표

바른 공부법 캠페인   교재 질문 & 학습 고민 타파

미래엔 에듀 초·중등 교재   선물이 마구 쏟아지는 이벤트

초등학교

학년	반	이름

하루한장 쏙셈

쏙셈 시작편
초등학교 입학 전 연산 시작하기
[2책] 수 세기, 셈하기

쏙셈
교과서에 따른 수·연산·도형·측정까지 계산력 향상하기
[12책] 1~6학년 학기별

쏙셈＋플러스
문장제 문제부터 창의·사고력 문제까지 수학 역량 키우기
[12책] 1~6학년 학기별

쏙셈 분수·소수
3~6학년 분수·소수의 개념과 연산 원리를 집중 훈련하기
[분수 2책, 소수 2책] 3~6학년 학년군별

하루한장 한국사

큰별★쌤 최태성의 한국사
최태성 선생님의 재미있는 강의와 시각 자료로
역사의 흐름과 사건을 이해하기
[3책] 3~6학년 시대별

하루한장 한자

그림 연상 한자로 교과서 어휘를 익히고 급수 시험까지 대비하기
[4책] 1~2학년 학기별

하루한장 급수 한자

하루한장 한자 학습법으로 한자 급수 시험 완벽하게 대비하기
[3책] 8급, 7급, 6급

하루한장 ENGLISH BITE

ENGLISH BITE 알파벳 쓰기
알파벳을 보고 듣고 따라쓰며 읽기·쓰기 한 번에 끝내기
[1책]

ENGLISH BITE 파닉스
자음과 모음 결합 과정의 발음 규칙 학습으로
영어 단어 읽기 완성
[2책] 자음과 모음, 이중자음과 이중모음

ENGLISH BITE 사이트 워드
192개 사이트 워드 학습으로 리딩 자신감 키우기
[2책] 단계별

ENGLISH BITE 영문법
문법 개념 확인 영상과 함께 영문법 기초 실력 다지기
[Starter 2책 , Basic 2책] 3~6학년 단계별

ENGLISH BITE 영단어
초등 영어 교육과정의 학년별 필수 영단어를
다양한 활동으로 익히기
[4책] 3~6학년 단계별